DER
DISKUS BUCH

Tropical Fish Keeping
Special Edition

Feiert 25 Jahre - Deutsch

Für Natur Aquarien, Gesunder
Ernährung und Fischpflege

Autor: Alastair R Agutter

Die Buchdeckel entworfen:
Alastair R Agutter (Autor).

Besonderer Hinweis: Die berühmten roten Discus, dass die Diskus-Buch für über 25 Jahre vertagt wurde nun war eine ursprüngliche Fotografie an die Urheber aus dem Discus begabt Pionier sich Dr. Eduard Schmidt-Focke.

Fotos mit freundlicher Genehmigung von:

Dr Eduard Schmidt-Focke, Liv Singh Khasala,
Paul Clayton, Alastair Agutter, Derek Treacher, Nick Hulme, Iuliia Sokolovska,
Sophie Traen, Hamersterman, Brandon Alms, Bonzami Emmanuelle, Oleksii Boiko, Maurizio Biso, Mirosław Kijewski, Gennady Kudelya, Gennady Kudelya, Matthew Jones and other contributors credited in photographs throughout the Book.

Bearbeitet von:

Alastair R Agutter and Amanda O'Neil

www.alastairagutter.com

Copyright © Taschenbuch Book First Edition 2014

Ersten Veröffentlicht: 5. September 2014

Herausgeber: Creative Space Publishing (Amazon Group Company)

ISBN-13: 978-1501076350

ISBN-10: 1501076353

Taschenbuch international verteilten

INHALT DES BUCHES

FEIERN 25 JAHRE 5

Seite 6 - Der Discus Buch feiert 25 Jahren seit der 1. Auflage geschrieben wurde, die Fortschritte und specie Stämme seit den frühen Pioniere der Zucht

EINFÜHRUNG

Seite 12 - Einführung in das Buch und den Sorgen vor über 25 Jahren in Bezug auf die Entwaldung und Klimawandel.

KAPITEL EINS

Seite 15 - Der Discus und seiner natürlichen Umgebung

KAPITEL ZWEI

Seite 22 - Der Wild Diskus Arten aus Südamerika

KAPITEL DREI

Seite 31 - Die Bedeutung der richtigen Aquarium

KAPITEL VIER

Seite 38 - Live and Prepared Foods für die Discus-Diät

KAPITEL FÜNF

Seite 59 - Die Voraussetzungen für die Diskusfische Filtration

KAPITEL SECHS

Seite 72 - Die Genetik und verschiedene Stämme von Discus-Fische

KAPITEL FÜNFZEHN

Seite 158 - Abschließende Punkte und damit verbundene Ressourcen und Orte von Interesse auf das World Wide Web für folgende Ihre Leidenschaft und Interesse.

FEIERN 25 JAHRE

Der Diskus Buch feiert 25 Jahre

1989-2014

Es scheint erst gestern, da schrieb ich "Der Discus-Buch" im Jahr 1989 veröffentlicht und feiert nun 25 Jahren im Jahr 2014, und ich bin erfreut, diese Vollfarbe "Special Edition" für alle tropischen Fischhaltung Enthusiasten aller Altersgruppen freizugeben.

  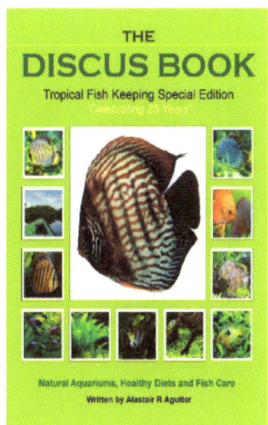

Das Buch, dass der Autor inspiriert, Discus Rasse: Jack Wattley'S - Handbuch der Discus

Das Buch deckt Fisch Pflege für Discus, Cichliden und andere tropische Fischarten. Natürliche Aquarien, erfolgreiche Zucht von Buntbarschen, Gemeinschafts Fisch Aquarien, Filtration, Beleuchtung, Geeignet Pflanzen und High Protein Fish Food Menüs für immer gesund Fisch und mehr zu halten.

Die bewährten Methoden in diesem Buch über tropische Fische kümmern, wenn gefolgt wird: Halten Sie stets frei von Krankheiten blühenden tropischen Fischen und begierig, zu züchten.

Ich hatte schon immer eine tropische Fische Torhüter und Enthusiasten seit meinen frühen Tagen als eine sehr junge Schule Jungen. Wo Eines Tages begleitete ich meinen Freund in sein Haus und als ich den Flur trat, wurde ich in einem tropischen Aquarium eingebracht. Wie ich gesehen diese schönen Bogen Front Gold Winkeleisen Fischbehälter, mit Kapuze und stehen. Ich war erst 9 Jahre zu der Zeit im Jahr 1967 und ein Jahr später wurde ich Zucht Blau Acara Buntbarsche. Im Laufe der Jahre hatte ich eine beachtliche Vielfalt an Buntbarsch-Arten, darunter Jack Dempsey, Firemouth Buntbarsche gezüchtet, und dann begann ich die Zucht der afrikanischen Buntbarsche Great Lake Malawi und Tanganjika aus, nämlich Pseudotropheus. Wie Rift See Buntbarsche wurden nach Großbritannien in den späten 1970er Jahren von den Importeuren eingeführt. Diskusfische, in den 1960er Jahren, waren 1970 in Großbritannien sehr selten, wenn überhaupt jemals in tropischen Fischgeschäften gesehen.

Aber ich wollte starten, um Artikel über die symphysodon in den späten 1970er Jahren und lesen begann, über die erfolgreiche Zucht dieser Arten in Gefangenschaft aus Deutschland zu hören, von Dr. Eduard Schmidt-Focke und einem amerikanischen Enthusiasten, die anfing, sich einen Namen zu machen , von diesen schönen Fisch im Volumen erfolgreich die Zucht in Gefangenschaft und wurde sogar entwickelt Nahrungs Formeln, so dass er die Jungfische von den Eltern füttern konnte. Natürlich ist der Mann, den ich mich beziehe, war kein anderer, als Jack Wattley.

Jack Wattley, inspirierte mich dazu, Discus und keinen Zweifel daran, wie ich zu züchten, muss der hatte viele Herzen Rendering-Zeiten und Frustrationen in jenen frühen Versuch und Entwicklung Tage, bis er ein System geeignet und eine, die für seinen Erfolg gearbeitet. Ich hatte nie irgendwelche Wünsche, ein kommerzielles Programm für Discus zu entwickeln, sondern wollte einfach nur zu erfassen und zu züchten diese Arten in Gefangenschaft, so dass wir ein weiteres Rekord dokumentiert meine Erfahrungen, um zu anderen Diskusliebhaber Relais, genug von uns rund um die Welt zu gewährleisten könnte das Überleben dieses schönen und merkwürdigsten specie der Evolution zu gewährleisten. Für jeden Tag, als für die

Umwelt betreffende humanitäre und demütig Schüler. Die industrielle Welt des Menschen war die tiefen unberührten Regionen von Südamerika, besonders Brasilien rund um den Amazonas zu erreichen und damit die Wild Life Lebensräume dieser Arten und andere, waren unter der Bedrohung durch Umweltverschmutzung, durch Abholzung, wo Bäume wurden abgeholzt, die verursacht werden, bei eine Rate erfüllt, der dem Landmasse in Baum Zerstörung, die Größe des Landes von Wales jeden Tag.

25 Jahren, wir diskutieren noch über den Klimawandel, eine Sorge, die ich hallte 25 Jahre gehen und wo wenig ist, da geändert hat, um diesen fort Zerstörung unseres Planeten zu stoppen. Aber Leute wie Jack Wattley und andere in unserer Gesellschaft sind die sehr Hüter der Hoffnung, wie der menschliche Reise beginnt heute in der Welt der Quantenmechanik zu erkunden. Jack Wattley arbeiten, wie ein Enthusiast in jenen frühen Tagen und später als Handelsfischzüchter für den berühmten "Turquoise Discus" und wo er neue Arten von selektiven Kreuzung geschaffen und damit anschließend demonstriert Macht und Fähigkeit, unsere Welt zu gestalten des Menschen. Für heute sehen wir eine Reihe von absolut atemberaubend Stämme und neue Unterarten der Diskusfische , die meisten, wenn nicht alle, die heute diese schönen Kreaturen zu züchten, wird eine Verbindung irgendwo über Jack Wattley Arbeit im Diskusfische züchten wie die gehabt haben Diskus-Handbuch erzählt die Geschichte von seinem Erfolg als sehr bescheiden und weiser Mann.

Die meisten Züchter Discus rund um die Welt von heute, verdanken einen erheblichen Schuld der Dankbarkeit zu Jack Wattley. Da sie weiterhin die Jack Wattley Weise zu betreiben, mit riesigen Wasserversorgung durch Massen von Aquarien läuft. Wo Generationen von Diskusfische haben in einem Umfeld akklimatisiert der Züchter Bedingungen und gezüchtet worden, wo diese Arten kenne keine andere. Sie mit Sicherheit nicht der unter root Spalten

9

in den Flusssystemen in oder rund Beitritt Nebenflüsse des Großen Flusses Amazonas in Südamerika kennen.

Die heutigen Arten von Discus für das Aquarium sind alle fast sicher Tank gezüchtet und diese Arten sind sehr robust im Vergleich zu den Spezies vor nur 25 Jahre, wo ich zur Einfuhr aus dem wild in Südamerika. Dann so oft sehr tragisch, gab es viele Opfer Diskusfische, von der lange und beschwerliche Reise, sie starben entweder von Stress, oder Hirnschäden verlassen Spezies in einem vegetativen Zustand, aus einem Mangel an Sauerstoff beim Transport.

In dieser Sonderausgabe des Buches habe ich auch zusätzliche Kapitel, eine in Bezug auf bestimmte gepflanzt Naturaquarien . Um eine sterile Aquarium in der Wohnung haben, ist nicht wirklich ein Gesprächsstoff, wenn Sie so geneigt sind, und noch schlimmer könnte es Ihnen eine Scheidung führen. Aber ein bepflanztes Aquarium heute mit Discus und möglicherweise einige andere Arten zu ergänzen Ihren neuen Unterwasserwelt können eine beeindruckende Wirkung in jeder Umgebung zu haben. Also in dieser Sonderausgabe von "The Discus-Buch" gibt es eine Reihe von bunten Bildern und zusätzliche Kapitel wie erwähnt, für den natürlichen Aquarium und Pflanzenarten geeignet und die am besten geeigneten Community Arten anderer Fischarten, die Sie im Diskus aufnehmen kann Fisch-Aquarium.

Sie werden über einige Bilder in schwarz und weiß, kommen auch einige in der Farbe, die ich noch in diesem neuen Buch vor 25 Jahren aufgenommen, weil sie historische Aufzeichnungen eines jungen britischen Züchter, der erfolgreich gezüchtet "King of Tropical Fish" in Großbritannien
.

Also willkommen in dieser Sonderausgabe, und ich bin überzeugt, die gefundenen Informationen wird eine wunderbare Zeitkapsel der Vergangenheit sein. Ich weiß, das Buch hat verdient Inhalt, denn ich erinnere mich immer an Jack Wattley gratulieren mich mit der Veröffentlichung und auch das Senden mir einen Scheck, dass ich noch nie eingelöst, und halten Sie als nostalgische Erinnerungsstück als Lesezeichen in meinem Discus-Buch.

Der Discus Buch, seit ich wieder schrieb das Original in 1989 gewesen, als für die heutige Welt der Technik neu geschrieben wie Amazon Kindle Buchausgaben. Die Veröffentlichung der Discus-Buch ist nun auch heute im Taschenbuch. Der Discus Buch hat immer in den Amazon Bestseller geblieben, für Fisch und Aquariums und erst letzte Woche, ganz oben auf der Nummer 1 Punkt auf Bestseller von Amazon in den Vereinigten Staaten von Amerika.

Die tropischen Fische Keeper heute beim Betrachten dieses Buch sehr ermutigt geworden, die Einrichtung eines fabelhaften tropischen Fischen Aquarium mit Diskusfische und andere. Sie können zu einer bemerkenswerten Größe wachsen und sehen absolut erstaunlich, wenn Schwarm in Zahlen schwimmen um Sumpfholz und Pflanzen.

Die Verfügbarkeit der Diskusfische ist heute als Folge der Fortschritte in der Zucht dieser majestätischen und schönen Geschöpfe gemacht für alle zu genießen, und wir alle haben eine Dankesschuld an Jack Wattley, der Vater der Zucht der "Turquoise Discus", wo er vor vielen Jahren eine Reise begann intensiver Kreuzung, um die erstaunlichen lebendigen Farben der Discus wir heute sehen, zu entwickeln!

Herzliche Grüße und erfolgreiche Tropical Fish Keeping,

Alastair R Agutter
Autor

Original-Einführung

Es gibt wenige Orte auf
dieser Erde noch wo der
Mensch nicht beschritten
Geschrieben vor 25 Jahren

In dieser modernen Zeit, haben wir das Verschwinden von vielen schönen wilden Kreaturen, die die Ebenen und schwamm in unseren Meeren und Flüssen für Tausende von Jahren durchstreiften gesehen haben.

Die Bedrohung der natürlichen Umwelt Discus vor 25 Jahren

Es gibt sehr wenige Orte auf dieser Welt, wo der Mensch nicht betreten übrigen, und in den meisten Fällen hat der Zerstörung in seine Fußstapfen. Ich fühle mich der Hoffnung für unser eigenes Dasein liegt bei denen von uns, die Sorge um unsere Umwelt zu teilen. Wir müssen die Zerstörung wiederherzustellen und Umsetzung unserer Technologie und Fähigkeiten zu entwickeln und zu erhalten die Bereiche, die noch unberührt sind. Nur dann kann der Mensch und seine Mitmenschen in der Welt, die wir gemeinsam leben wieder harmonisch zusammen.

In diesem Buch habe ich über meine Erfahrungen mit einer Spezies, die Symphysodon Discus, die nah an meinem Herzen geschrieben. Der Symphysodon Discus wird durch so viele Fragen, die noch unbeantwortet zum Zeitpunkt der

Erstveröffentlichung dieses Buch im Jahr 1989 waren Es gibt viele Geheimnisse, die wissenschaftlich erforscht werden, der sowohl seiner natürlichen Existenz in den Nebenflüssen des Amazonas Wild der südlichen Amerika brauchen umgeben und sein Leben in der Gefangenschaft.

Ich bin sicher, viele von Ihnen verschiedene Ansichten und Meinungen zu diesem Thema haben, ruhig vernünftigerweise so als Kontrast der Ansichten und Ansätze müssen vorhanden sein, damit wir einen ausgewogenen Abschluss am Ende des Tages zu ziehen.

Ich möchte hoffen, dass mein kleiner Beitrag finden wird, wird von Interesse sein, in Bezug auf meine eigenen Erfahrungen und Erkenntnisse. Wollte ich dieses Buch in der Hoffnung, andere inspirieren, die die gleichen Interessen und die Liebe dieser schönen Art teilen zu schreiben.

Ich widme dieses Buch meiner geliebten und sehr geduldig Familie, Freunden und anderen Wissenschaftler und Aquarianer, insbesondere Jack Wattley und Dr. Eduard Schmidt-Focke.

Alastair Agutter

Autor

KAPITEL EINS

Der Diskus und seiner natürlichen Umgebung und Herkunft
Die Holzart Herkunft

Es war im Jahre 1840, dass die ersten Diskusarten wurde erstmals im Fransen Sammlung von Johann Jacob Heckel identifiziert. Der Fisch später zu Ehren von Dr. Heckel benannt.

Amazonas Heimat der Discus: Foto mit freundlicher Genehmigung von Iuliia Sokolovska (www.123rf.com)

Es war viel später, im Jahr 1930, dass die ersten Exemplare wurden an die Fans in Europa und den Vereinigten Staaten eingeführt. Zu dieser Zeit, die begrenzten Ressourcen für den Transport von lebenden Exemplaren aus Wild gemacht weite Strecke eine sehr traumatische Erfahrung für die Fische. Einige dieser Proben würden in Trommeln, solange mehrere Wochen gewesen. Nur sehr wenige der besonders nach Europa importierten Fisch, überlebten diese Tortur, und diejenigen, die schon bald tat starb in der Gefangenschaft, entweder von Krankheit oder Nervenstörungen , die durch Hirnschäden und Stress deutlich gebracht.

Es war so spät, da die 1960er Jahre, dass die Menschen besser über die Arten und Artikel informiert begonnen, in Fachzeitschriften erscheinen. Die Flugverbindungen zu diesem Zeitpunkt aktiviert Fische viel leichter aus südamerikanischen Stationen in Iquitos in Peru, Leticia Sitz in Columbia und Manaus in Belem Brasilien transportiert werden. Mit diesen Änderungen die Europäer, insbesondere, konnte deutlich sehen, das Potenzial dieser schöne Art und sammelte Atem, bevor sie ihre Aufgaben gestartet.

Natürlichen Lebensraum dieses Fisches ist ganz erheblich in Bezug auf den Umfang und die Größe einiger Länder. Südamerika, Ich freue mich, zu sagen, ist immer noch wild in vielen Orten: Sie können Ihre Phantasie in Brand gesetzt. Der Fisch lebt in Teilen von Brasilien, Peru, Kolumbien und Venezuela, wo wilde Leben in Hülle und Fülle.

Bis heute gibt es viele unbeantwortete Fragen dieser Fisch und viel Geheimnis um. Leider viele der Gründe, die uns vom Lernen weit mehr entstehen aus finanziellen Gründen zu verhindern. Allerdings können wir viele Rückschlüsse auf die Arten, natürlichen Umgebung zu ziehen.

Natürlichen Umwelt der Diskusfische: Foto mit freundlicher Genehmigung von Iuliia Sokolovska (www.123rf.com)

Der Discus Heckel, wenn er in Zustand ist, ist der attraktivste aller Discus Sorten. Es ist eines der konvex geformten Fisch, wie der Angelfish (Pterophyllum Scalare), die auch ein Mitglied der Familie Buntbarsch. Beide Arten "Ursprung ist Südamerika. Natürliche Gestaltung des Fisches ist faszinierend, denn sie zeigt ähnliche Eigenschaften wie ein Plattfisch, aber schwimmt vertikal. Die Frage kann gestellt werden, ob es sich um ein entfernt mit der flachen Fischfamilie.

Es ist interessant zu bemerken, dass, wenn der Diskus wird von einem Raubtier in freier Wildbahn, oder zeigt Panik oder Angst in Gefangenschaft bedroht, wird es auf der Seite liegen. Ich habe Wildfänge zu mir geschickt, die flach auf dem Boden des Aquariums für so viele drei Tage gelegen haben, machte die einzige Bewegung ist, dass der Atmungsorgane und Brustflosse Bewegung.

Form des Fisches ermöglicht es, sehr agil und sehr schnell um Baumwurzeln, kleine Pools, Bäche und schnell fließendem Wasser zu bewegen. Es ist ohne Frage, dass alle Sorten von Discus stoßen verschiedene chemische Veränderungen in ihrer natürlichen Umgebung, obwohl ich bei vielen Gelegenheiten, die diese Umgebung mit wenig oder keiner Veränderung sehr stabil zu lesen. Es ist ein Bereich, der wenig Diskussion gegeben ist, und doch eine entscheidende Frage, denn die Veränderungen, die in der natürlichen Umgebung stattfinden können, zu schaffen und Anreize für die Arten, zu reproduzieren. Jeder Teil dieser Welt, in der wir leben, ist jahreszeitlich bedingt. Die sich verändernde Umfeld der Discus in der Wildnis gibt eine Zeit, um zu laichen, eine Zeit, um zu wachsen und eine Zeit zu sterben.

Der Discus wird von den Eingeborenen als eine ausgezeichnete Fisch zu essen anerkannt. Auch dies ist ein weiterer interessanter Faktor, wie so viele Süßwasserfische essbar. Allerdings muss dieser Einsatz der Fische von den Eingeborenen der Saison sein, wie sich ändernde Bedingungen während des ganzen Jahres werden die Verfügbarkeit der Arten für die Fischer zu beeinflussen. Eine Schwankung muss das ganze Jahr über von der Trockenzeit in die Regenzeit zu nehmen.

Diese Punkte muss bei der Suche nach Antworten auf einige der Fragen, ständig über die maximale Wachstum der Fische gefragt, mit Blick auf die optimale Ergebnisse bei der Fortpflanzung in Gefangenschaft zu tragen. Es ist klar, dass der Umweltveränderungen tatsächlich stattfind, einige sind sehr plötzliche und andere sind eher graduell. Es muss vereinbart werden, dass das Wasser des versunkenen Moor Holz und unter Baumwurzeln sind Bereiche waren große Bewegung von Wasser zu bestimmten Zeiten stattfindet. Die Fische laichen häufig auf Substraten wie Holz und Moor Wurzeln der versunkenen Bäumen. Allerdings werden diese von Natur aus vielen

Teilchen, die einen Anteil der Eier der Fische auswirken.

Es sei denn, ein starker Kreislauf des Wassers hat das Gebiet, sowie die Eltern der Reinigung des Substrats, um zu laichen gereinigt, muss es auch die Bewegung im Wasser, um die Eier in ihren frühen Tagen vor dem Schlüpfen zu halten. Im Hinblick darauf ist es mehr als wahrscheinlich, dass die Fische in der Nähe der Unterseite, wo die Ströme sind deutlicher als in Richtung der Oberfläche erzeugen; die Laich erfolgt fast unmittelbar nach den Stürmen, wenn die Sauerstoffsättigung wird am höchsten sein und die Wasserströme haben nachgelassen. Sobald der Wasserstand sein Maximum erreicht hat, wird die Überflutung von Müll und andere schwimmende Gegenstände aus den Bereichen zu entfernen. Die Gesamthärte des Wassers gestiegen, ebenso wie der pH-Wert. Als das Wasser zurückgeht eine Zirkulation des Wassers wird immer noch deutlich.

Die natürliche Umgebung des Diskusfische: Foto mit freundlicher Genehmigung von Sophie Traen (www.123rf.com)

20

Es ist möglich, dass einer der Gründe, warum diese Art entwickelt sich eine Körper Schleimhäute ist, dass das Wasser frei von den meisten mikroskopischen Lebens und der BRJ würde von der Wasserbewegung gefährdet werden, vor Raubtieren und sogar von anderen Mitgliedern der eigenen Art - für, wie die anderen Cichliden ist der Diskus ein Raubfisch und Mitglied der Karpfenfamilie toot. Es ist wahrscheinlich, dass es zwischen 21 und 30 Tage für die Wasser zunächst, um zurücktreten genug für die Brut, Nahrung weg von den Eltern zu suchen, in kurzen Phasen. Laufe eines Jahres diese chemische Veränderung erfolgt nur auf bestimmten Anlässen, so dass wohl alle Mitglieder der Schwarm sind mit jungen gleichzeitig.

Ich hoffe, dass diese Punkte wird es uns ermöglichen, ein Bild von der natürlichen Umwelt zu schaffen, so dass wir versuchen, einige dieser Faktoren bei der Haltung von Diskus in der Gefangenschaft zu simulieren, sie zu ermutigen, zu reproduzieren. Ohne Zweifel ist der Discus ist ein Schwarmfisch, vor allem die Diskus Heckel. Aber es hat sehr viele kontras Faktoren in seiner chemischen Disposition, einer der Gründe, dass viele finden es schwierig, in Gefangenschaft zu halten.

KAPITEL ZWEI

Die wilden Arten Diskus

Heute ist es immer noch sehr schwierig, einige der Unterarten für den Discus definieren. Es wurde erst vor kurzem behauptet, dass noch eine weitere Sorte wurde in der Wildnis des Amazonas entdeckt.

Ein Nachkomme eines Symphysodon aequifasciata Tefe. Foto: Hamsterman (www.123rf.com)

Ich fühle, dass einige so genannte Sub-Spezies wurden in Reaktion auf die Bedürfnisse von Handelsunternehmen in der Rezession "entdeckt". Einige dieser "Entdeckungen" sind nur leichte Farbvarianten, die sich aus Inzucht in bestimmten Bereichen, in denen kleine Bevölkerung kann isoliert wurden lange genug, um seine eigenen Eigenschaften zu entwickeln oder von dem Einfluss der regionalen Gegebenheiten der Vegetation oder Wasser lokalisiert. Die Entdeckung der neuen Art würde automatisch wieder schweben einige der Unternehmen zu kämpfen haben, aufgrund der Nachfrage nach guter

Qualität Wildarten.

Die wahren Fakten sind, dass während der letzten 20 Jahre amerikanische und deutsche Züchter haben es geschafft, Line-Zucht Discus Arten bunter Stämme und in der Tat entwickeln

Hallo Fin Blau Diskus - Macs Powder Blue und Turquoise Discus Wattley: oben links nach rechts Fotos: Oleksii Boiko, Andrey Armee Gov (www.123rf.com) und Jack Wattley (www.wattley discus.com)

entwickelte eine neue Unterarten. In den vergangenen zwei Jahrzehnten amerikanischen Züchtern wie Jack Wattley, Carroll und Mack Friswold Galbreath, ergriff die Initiative und begann, bunte Stämme darunter einige, die wir heute kennen, aus der Marke, wie Wattley Turquoise Discus, Hallo Fin Blau Diskuszucht und Macks Powder Blue, einer der berühmtesten Durchbrüche. Doch auf dem Gebiet der wissenschaftlichen Zucht, fühle ich, dass man die Nation hervorragend für seine Leistungen in der Zucht Discus in Bezug auf Qualität und Weiterentwicklungen, insbesondere bei der Aufrechterhaltung der Form und genetische Stärke, und das ist Deutschland. Insbesondere verdient Dr. Eduard Schmidt Focke Erwähnung.

Symphysodon Discus Heckel - Foto mit freundlicher Genehmigung von Nick Hulme

Diskus HECKEL
Heckel-Diskus (Symphysodon Discus Heckel)

Die Heckel ist die rundesten Form von Discus und wird von drei vertikalen Balken statt der neun, die manchmal offensichtlich aus. Diese Form wird gelegentlich in der Wildnis in vollen gesunden Zustand gefunden. In diesen Fällen ist die Färbung verfügt Querlinien im gesamten, mit der Körperfarbe reicht von blau und rot bis türkis und rot bis leicht braun. Es ist sehr selten zu sehen, Qualität Heckel überall insbesondere importiert, in Großbritannien. Dies ist vor allem (und das sage ich ohne Vorbehalte) schlechten Managements der Einzelhandelsverkaufsstellen , die nur allzu oft zahlen niedrige Preise für schlechte Qualität Lager. Leider neigen sie dazu, einen sehr hohen Preis für diese minderwertigen Fische fragen. Unter diesen Umständen ist es kein Wunder, dass nur sehr wenige Menschen nehmen

Diskushaltung , mit der schlechten Qualität der Fische zur Verfügung und die hohen Verluste nach dem Kauf.

Die Heckel ist bekannt, eine Lebensdauer reicht von 4 bis 10 Jahren haben, und kann auf eine Körpergröße von mehr als 7 cm im Durchmesser wachsen.

Mutter Regionen: Brasilien, Amazonas, Manaus, Tefe, Rio Xingu bei Porto Do Moz, Rio Madeira in Manaus und Rio Negro.

Grüner Diskus
Tefe Pellegrin grün oder grün Diskus
(Symphysodon aequifasciata aequifasciata
Pellegrin)

Die Grüne Tefe Diskus oder Pellegrin Discus wie es bekannt ist, ist eine der schönsten Arten. Seine Färbung ist normalerweise eine goldene bis braun Hintergrund mit roten Flecken auf den Bauch und grünen Querlinien entlang von Teilen des Körpers durch beide

Diskus auf der rechten ist ein Nachkomme des Symphysodon aequifasciata aequifasciata Pellegrin. Foto: Oleksii Boiko (www.123rf.com)

dorsalen und vorderen Rückenflosse. Jedoch aus verschiedenen Bereichen und mit unterschiedlichen Diäten Farbvarianten auftreten, zum Beispiel viele der Grünen Discus vom Lago Tefe Region und angrenzenden Tefe

Fluss kann fast mehr überwiegend grün im Körper sowie die schillernden Querlinien entlang des Körpers sein.

The Green Discus kann in Flüssen darüber hinaus in Peru erfasst werden, einschließlich einer Spezies Form als Pellegrine Discus oder der peruanischen Green. Diese sind auch ein spektakulärer Anblick, wenn sie in voller Blüte Farben. Die Färbung ist vor allem durch den ganzen Körper grün, mit Farben von rot über die Rücken-und Afterflossen sowie einige Vermischung Querlinien, rot braun bis grün intermittierend.

Beide Varianten haben Spuren von Rot in den Rippen und an den Rändern der Rippen. Die Bauchflossen sind leicht blau grün auf rot. Lebenserwartung des Fisches ähnelt der Heckel, und eine Körpergröße ist in der Regel etwa 6 Zoll. Manchmal sind die Weibchen größer sind, also nicht der Illusion hing, dass alle großen Fische sind Männer, sie sind es nicht. Aber nur sehr wenige Frauen scheinen die von Importeuren zu sein. Dies kann aufgrund der Fisch sehr fruchtbar Laicharten , vor allem im Wasser des Sees, wo sie oft laichen ein Jahr, so dass die Frauen nicht in der Verfassung, um den Transport oder in Quarantäne zu überleben.

Heimatgebiete: See Tefe Tefe River, Santarem, Brasilien, Amazonas und Nebenflüsse, peruanischen Amazonas.

DER BLAUE DISCUS Symphysodon Discus Aequifasciatus haraldi

Diese Sorte hat ähnliche Eigenschaften wie das grüne Diskus. Allerdings ist der Körper in der Regel eine braunrote Farbe mit blauen Linien quer durch die obere und

Oberhalb einer haraldi Blau Diskus Nachkomme. Foto: Maurizio Biso (www.123rf.com)

Unterteilen des Körpers und in den Rückenflossen. Die vertikalen neun Bars sind in der Regel nur leicht sichtbar, wenn überhaupt deutlich, wenn der Fisch ist in gutem Zustand. Manchmal ist ein Fisch von dieser Form der Querbalken im ganzen Körper hat gefangen werden: der Fisch als Royal Blue bekannt.

Diese besondere Fisch war der Anfang von einigen Stämmen des Turquoise Discus. Diese Fische normalerweise erreichen eine Körpergröße von 6 Zoll und sind eine deutliche Vielfalt, vor allem die Royal Blue. Ein Fisch der Erwachsenengröße in gutem Zustand kann einen Preis von rund einem £ 1.000 ($ 1.600) zu holen. Heimatgebiete: Amazon, Leticia, peruanischen Amazonas.

Die braunen DISCUS
Symphysodon aequifasciata axelrodi

Diese Vielfalt, wie bekannt ist, wurde vor einigen Jahren von Dr. Herbert Axelrod entdeckt. Die Brown-Discus ist wahrscheinlich eine der stärksten der Diskus Arten.

Nachkomme des Symphysodon aequifasciata axelrodi. Foto: Oleksii Boiko (www.123rf.com)

Die Färbung ist normalerweise durch den Körper Braun mit der vertikalen neun bar und einer Anzahl von blauen Querlinien um den Kopf. Es hat blaue und rote Linien in den Rückenflossen und mit roter Lauf entlang der Spitzen der Rückenflossen. Es ist das Mindeste, bunte aller Wildarten, aber wegen seiner Kraft und Ausdauer, fühle ich die Farbe kann in der Evolution verloren und genetisch durch eine größere Toleranz und Stärke für das Überleben Zwecke ersetzt wurden.

Die Brown-Discus ist sicherlich eine der einfachsten Arten zu halten, und ich habe diese Fische bekannt, eine beträchtliche Größe in der Gefangenschaft zu erreichen. Körpergröße ist in der Regel 6 Zoll, obwohl ich Proben mit einer Länge von über 9 Zoll gesehen. Die normale Lebensdauer liegt zwischen 4 und 10 Jahren.

Heimatgebiete: Belem Brasilien, Amazonas und Nebenflüsse.

KAPITEL DREI

Die Bedeutung der richtigen Aquarium

AQUARIUM ANFORDERUNGEN

Nach vielen Experimenten in Bezug auf die richtige Position und Größe für ein Aquarium ich erkennen, dass es nicht immer möglich, das Aquarium an der gewünschten Stelle positionieren.

Verstärkte richtig Zucht Aquarien 24 "x 18 x 18" von Autor Baujahr: Fotografie von und nach Autor Alastair R Agutter 1988

Allerdings scheint die bevorzugte Höhe zu 1020mm sein - 1220mm: Verhalten der Fische hat sich merklich gestört gewesen, wenn sie in unteren und anderen Positionen platziert. Tank gezüchtet Fisch von jung bis in der Nähe von Erwachsenengröße aufgezogen wird normalerweise auf der Position des Aquariums von Anfang an, was auch immer es in Position ist, verwendet werden. Aufgrund der Anordnung der allgemeinen Diskus-Todesfälle kann erheblich sein, wenn das Aquarium nicht gut aufgestellt. Symphysodon müssen auf jeden Fall sicher fühlen und gleichzeitig auf eine Bindung mit dem Torhüter zu entwickeln.

Die Tiefe des Aquariums scheint auch ein wichtiger Faktor in Bezug auf Ansiedlung in neuen Mitglieder oder Strumpf ein Aquarium sein. Ich finde 18 Zoll oder mehr am besten geeignet. Fische werden sich in einem Aquarium dieser Tiefe sehr viel schneller zu etablieren. Die Größen ich hauptsächlich sind 18 cm in der Breite und Höhe, 24 cm in der Höhe und nicht weniger als 15 cm in der Höhe nicht übersteigt.

Mit Blick auf die physikalischen Faktoren, das Aquarium, die lang und schmal ist, ist überhaupt nicht praktisch für Discus, wenn weniger als 18 cm breit und die Gründe werden in Kürze noch deutlicher, vor allem, wenn die Fische zum Laichen entscheiden werden. Eines Ihrer Ziele ist es, die Wasserbewegung zu reduzieren, aber gleichzeitig Sie, um eine optimale Aquarium mit geeigneten Filtration für Ihre Fische benötigen. Mit einer langen Aquarium Kaltwasserflecken im System sind unvermeidlich. Dies führt zu einer Katastrophe in einem Discus Zucht Aquarium, denn wie die Fische wachsen, werden sie nach kurzer Zeit beginnen Shoal und streunende weg von den Eltern für Lebensmittel. Trifft man eine kalte Stelle nur sagen, dass 2 - 3 Grad können sie entspannen, die Schaffung shimmying und andere Beschwerden, oder sie sogar völlig zu töten. Bei der Positionierung und den Aufbau eines Aquarium für Diskus alle diese Faktoren müssen von den ernsthaften Züchter berücksichtigt werden, und zwangsläufig Raum wird immer eine wichtige Voraussetzung geworden.

Zuchtpaar von Turquoise Discus Aquarium in 24 "x 18 x 18" von Autor Erbaut: Foto 1988 von und Autor Alastair R Agutter

Beim Kauf oder machen ein Aquarium für Diskus, sollte keine Kosten gescheut werden. Wenn Sie möchten, hinten und halten gute Qualität Discus, wird das Preisschild auf die Fische werden sekundär zu halten und zu schützen diesen schönen Fisch. Aufgrund der vielen Anforderungen, die sie machen, im Gegenzug werden sie immer irgendwann nicht nur Haustiere, sondern sehr viel ein Teil des Haushaltes zu werden.

Stellen Sie sicher, dass die Dicke des Glases verwendet für die Größe des Aquariums angebracht ist. Allzu oft habe ich gesehen Aquarien, sogar viele, die kommerziell hergestellt werden, nicht sicher genug, um solche großen Mengen von Wasser enthalten. Dies ist besonders wichtig mit speziell entwickelten Discus Tanks, daran erinnern, dass es in der Regel hoch und breit ist, und damit die Wasserverdrängung und Druck größer als ein Standard-Größe Aquarium sind. Hier sind ein paar Beispiele von Größen und Führungslinien: 24 "x 18" x 18 "entspricht einer Glasbedarf von 6 mm (1/4"), 30 "x 18" x 18 "hat eine Glasstärke von 10 mm Bedarf (3 / 8 ") Platte, 60" x 18 "x 18" hat eine Glasstärke von 10 mm bedarf (8.3 ") Platte, 60" x 18 "x 24" erfordert 10mm (8.3 ") Platte und schließlich 72" x 18 "x 18" hat eine Voraussetzung für 12mm Glasplatte. Versuchen Sie immer kaufen Pilkington Glass wie viele importierte Glasscheiben haben Mängel in ihnen aufgrund von Fertigungstechniken . Der einzige wirkliche effizienter Weg, um Discus zu halten, ist in einem kahlen Boden Aquarium. Vor diesem Hintergrund erinnern Wasserverdrängung wird weit größer als ein Aquarium, das gepflanzt ist und Kies, und andere Objekte sein.

Kaufen Sie die besten sollten keine Kosten gescheut beim Kauf eines Aquarium: Juwel Aquarien (www.juwel-aquarium.de)

Beim Bau Ihres Aquariums sollte Berechnungen immer von den Abmessungen hergestellt werden, so dass Sie genaue Messwerte und chemische Messungen pro Volumen von Wasser zu schaffen und wirken Pufferung zu stabilisieren und die Aufrechterhaltung eines ausgewogenen Gleichgewichts für die Fische.

Wenn Sie Ihr Aquarium gebaut wird, ist es wichtig, dass eine genaue Messung für Wasser gemacht und aufgezeichnet. Es lohnt sich, die Kennzeichnung Liter Alter, in Abständen an der Seite des Aquariums, die stark in der Verschreibung von chemischen Veränderungen oder Behandlung, die leider erforderlich sein können, die Ihnen helfen werden.

Wenn Sie Ihr eigenes Aquarium machen wollen, ist es auch wichtig zu beachten, beim Kauf von Silikondichtmasse, Dichtstoffe enthalten, dass einige Pilz Härter. Diese Dichtstoffe dürfen nicht verwendet werden, da sie zu lösen dieses Fungizid ins Wasser, wo es auf die Augen und Kiemenmembranen der Fisch, in Kraft vergiften sie!

Die besten Silikone sind Pilz kostenlos. Stellen Sie sicher, dass Sie diese verwenden, und sie sind von einem hohen E-Modul sind. Diese Dichtstoffe haben eine bessere Bindungsfähigkeit, und auch sie werden für die Expansion und Kontraktion in großen Aquarien zu ermöglichen. Darüber hinaus sind sie chemisch frei von jeglichen Verunreinigungen, die die Wasserchemie beeinflussen können.

Es gibt viele Bücher und andere Leitlinien für die Erstellung von Aquarien zur Verfügung, so dass ich nicht darüber reden weiter auseinander zu erwähnen, dass jede Aquarium machen Sie muss sehr gut gerippt und verstärkt. Wir werden die Herstellung von Filtersystemen in einer gesonderten Rubrik zu decken.

KAPITEL VIER

Live-und Fertiggerichte für die Diskus-Diät

Lebendfutter

Live-Lebensmittel sind sehr nahrhaft sie eine sehr wichtige Rolle bei der Konditionierung von Discus spielen. Cyclops ist ein sehr beliebtes Futter für die Jungen Baby Discus und sie sind in Großbritannien, USA und anderen Ländern leicht verfügbar, wie Daphnien.

Mückenlarven, Mückenlarven, Würmer brandlings und Garten kann auch in der Ernährung aufgenommen werden.

Tubifex sind auch vorhanden, aber, wie die meisten von uns bewusst sind, sind sie mit Vorsicht zu betrachten, da sie Anstieg tom geben kann viele Probleme und Krankheiten.

Mückenlarven können in einem Behälter aus alten regen Wasser bewirtschaftet werden. Der Anfangsbestand sollte auf Hefe zugeführt werden, und eine schwimmende Objekt, beispielsweise ein Stück Styropor, sollte sich auf der Wasseroberfläche durch Hinterlegung Eier auf, um sie so platziert werden, dass die Larven können ihre natürlichen Zyklus zu erfüllen. Daphnia können auch in den Gartenteich oder in einem Regentonne enthält im Alter von Wasser bewirtschaftet werden.

Es ist immer praktisch, Lebendfutter zur Verfügung haben, nicht nur für neu geborene Fisch, aber auch zu fischen Genesung von Krankheit in Not der Ermutigung, wieder zu füttern, und für neu importierte Wildfische, die nicht Lebensmittel für mehrere Tage auf der Durchreise gegessen haben kann.

Wildfisch kann nicht immer damit beginnen, gefriergetrocknet oder Tiefkühlkost sofort essen. Immer wenn die Verabreichung Lebendfutter, immer versuchen, eine Verunreinigung durch Chemikalien zu vermeiden, was die Konditionierung des Fisch verzögern kann, und kann auch Stressbedingungen für die Fische, die nicht sofort sichtbar sind oft verursachen. Auf das Sammeln Ihrer Live-Lebensmittel aus einem Teich in der Nähe, oder von deiner eigenen Lager, lohnt es sich, indem die Lebendfutter in gechlortem Leitungswasser für ein oder zwei Tage, um unerwünschte Organismen zu löschen.

Lebendfutter, Brine Shrimps

Artemia sind eine der wertvollsten Formen der Krebstier auf kleine und Baby Discus zu füttern, für sie hohe Proteine in der Nahrung, die lebenswichtig für das Wachstum und die richtige Entwicklung der Knochen Struktur der Fisch sind bereitzustellen. Jede Krebstier wird eine wertvolle Nahrungsquelle für das Wachstum der Fische, aber die wichtigste Überlegung bei der Wahl Brine Shrimps ist, dass sie leicht verabreicht und appellieren an die Fische Appetit. Artemia sind auch Krebstiere von tan ideale Größe für frisch geschlüpfte Discus, ebenso wie Artemia. Der große Vorteil ist, dass Salzwassergarnelen, wie der Baby-Fisch wachsen, können Sie auch auf der Garnelen wachsen. Dies ermöglicht es dem jungen Diskus, um die Kontinuität in ihrer Ernährung aufrecht zu erhalten, vor allem über diese sehr wichtigen und kritischen frühen Tagen von Geburt an. Denken Sie daran, den Diskus Braten sind sehr anfällig für Probleme und Störungen, so vertraut Lebensmitteln wie Artemia am günstigsten Ernährung und Lösung.

KAPSEL (Container)

Ich habe "Container" im Plural angegeben, wie Sie sicherlich mehr als einen braucht, wenn man mit einer Charge von Baby zu füttern Discus konfrontiert. Die idealen

Behälter ich sind kommerzielle große Zwiebel Gläser oder Gläser eingelegte Eier, denn sie sind recht groß und haben einen erheblichen Wandstärke, die vergrößern Licht im Inneren des jar hilft, erleichtert ein schnelles Wachstum der natürlichen grünen Wasser. Ich habe auch kleine Wasserhähne angebracht, um die Deckel der Dosen. Dies ermöglicht es mir, bis am Ende das Glas-; wenn ich verlangen, dass einige der Garnelen und das Ventil der Wasserhahn öffnen und gießen Sie die Menge der Artemia ich brauche. Ein Sieb aus einem sehr feinen Netz ist nützlich, um die Garnelen belasten. Ich kann dann einfach die Gläser wieder aufrecht und ersetzen das Wasser entfernt wird. Diese Störung tritt Sauerstoff in das Wasser und bewegt sich auch keine Eier, die sich gestellt oder eingeklemmt haben. Freigabe dieser Eier wird einen weiteren Luke in das Glas.

Füllen Sie das Glas bis etwa vier Zentimeter mit vorbereiteten Salzwasser. Brine Shrimps sind nicht einfach zu den erwachsenen Größe zu wachsen, und die Anweisungen gegeben sind als Ergebnis langjähriger Forschung und harter Arbeit, um diese Aufgabe zu erfüllen. In diesen Richtungen, habe ich nach unten jede Phase dieser Arbeit gebrochen. Es ist wichtig, dass das Wasser altern gelassen worden ist, um mikroskopische Algen Leben zu entwickeln. Wenn das Wasser zu tief ist, ist es sicher, dass das Wachstum dieser Organismen ist sehr langsam, und es ist auch offensichtlich, dass Lichteinfall auf dem Wasser wird es schwieriger, behindern Photosynthese. In einer nicht sehr hohen Klima auch die Wassertemperatur wird durch die Tiefe gestört wird und nicht so leicht zu erwärmen. Ein weiterer Punkt zu erwähnen ist die Schwierigkeiten bei der Errichtung Temperaturregelung mit größerer Wassertiefe.

Montieren Sie zunächst Ihre Gläser wie auf dem Foto gezeigt und positionieren Sie sie in den Garten, wo sie maximale Sonneneinstrahlung erhalten. Wenn die Gläser aufrecht Ventile an den Wasserhähnen müssen offen sein für Zirkulation zu ermöglichen. Ich empfehle, mit rund sechs Gläser, aber offensichtlich wird die Zahl von der Anzahl der Bruten Sie zu der Zeit zu ernähren abhängen.

Autors (Alastair R Agutter) Artemia Brut Jar und Anlagen: Foto mit
freundlicher Genehmigung von Derek Treacher 1988.

ART DER Wasserbedarf

Jetzt für das Wasser erforderlich. Die Verwendung eines Meersalz (für Meerwasserfische verwendet) verfügbar ist, mischen sich mit Regenwasser, die zur Ermittlung des Wasser auf die erforderliche Alter unterstützen wird. Eine große Plastikeimer ist der ideale Behälter, mit genug Platz, um mehr Salz hinzufügen, und, wenn erforderlich, um die gewünschte Messwert erreicht. Rühren Sie das Salz gut, bis man ein Salz der Schwerkraft Lesung von 1022 Grad, mit einem Hydrometer, dies zu überprüfen. Sobald das Salz vollständig gelöst ist, nehmen weitere Lesungen und nötige Anpassungen vornehmen durch Zugabe von weiterem Wasser oder Salz, um eine genaue Ablesung zu gewährleisten. Ich muss betonen, dass die richtige Schwerkraft ist einer der wichtigsten Faktoren bei der Verwirklichung einer erfolgreichen Schlupf der Artemia Ihre.

Nachdem eine Stunde vergangen ist, sollte die Temperatur um 20-21 Grad Celsius sein. Sie diese Temperatur nicht ändern, da es eine hohe Sauerstoffpegel , der rapiden Wachstums von Pflanzen und Tieren zu fördern wird.

Lassen Sie das Wasser absetzen und füllen die Gläser nach einem Tag, bis zu einer Tiefe von etwa 4 Zoll oder auf halber Höhe des Glases. Sobald dies abgeschlossen ist kaufen Sie eine Flasche vorzugsweise schalenlose Eier Artemia; Die Marke finde ich am zuverlässigsten ist, dass durch "New Technology" hergestellt. Schütteln Sie die Flasche gut Eier und dann geben jedem Behälter eine Reihe von spritzt aus der Flasche. Wenn Sie das Hinzufügen der Artemia Eier auf die Gläser fertig sind, geben jedem Glas gut schütteln ein paar Mal zu trennen und jede Artemia, die zusammen in der Kunststoff-Flasche eingefangen haben aussetzen.

Lassen Sie Ihre Gläser in der gewählten Stelle in Ihrem

Garten, kümmert sich nicht um sie auf eine kalte Oberfläche zu platzieren. Nach 2 - 5 Tage Algenwachstum begonnen haben sollte, auch wenn es nicht offensichtlich erscheinen mag, aber in diesem Stadium sieht es in der Regel als ob das Wasser ist ein wenig trüb. Nach der letzten Übung werden Sie in der Lage, klar in Napoli Luke zu sehen. Die Algen, die im Salzwasser bilden Nahrung für die Garnelen bieten, wie sie bis ins Erwachsenenalter wachsen. Wie die Photosynthese stattfindet, wird die mikroskopische und Brett-Tonic Leben auch vermehren, die eine konstante Nahrungsquelle für die Garnelen.

Achten Sie darauf, eine zu große Menge an napuli pro Glas zu verwenden, wie Sie mit einer verschmutzten Glas und tote Garnelen, die die Nahrungsmittelversorgung erschöpft am Ende. Um dieses Risiko zu minimieren, können Sie nun in jedes Glas fügen gekaufte Artemia Essen. Ich empfehle "New Technology" wieder für diese. Wie einige andere Marken sind weniger zuverlässig, insbesondere würde ich ihr Produkt-Code E312 empfehlen. Verwenden Sie ein paar Tropfen dieser jeden Tag, nicht zu viel. Dies ist wichtig, um eine hohe Anhäufung von Ammoniak, das ich gefunden habe, um eines der größten Probleme zu vermeiden.

Nach ca. 7-10 Tagen werden die Garnelen zeigen ihre wahren Eigenschaften; nach 14 - 20 Tagen werden sie erwachsen zu sein, und einige werden bereits entwickelnden Eier sein. Sie erhalten möglicherweise eine gestaffelte Situation in den Gläsern mit verschiedenen Größen von Garnelen. Wenn Sie eine gute Fischnetz verwenden, können Sie durch die Beendigung durch das Glas-up wieder und Übertragen des Wasser in ein anderes Sieb gegeben. Einige der nicht geschlüpften Eiern schlüpfen wird unweigerlich nach dieser Bewegung, so dass Sie in eine andere Wirkung haben Luke wächst auf.

Ein guter Zeitpunkt, um Artemia wachsen, ist im Sommer. Wenn das Wetter mild ist es eine gute Idee, auf eine Menge extra zu erwachsenen Größe zu wachsen und dann frieren sie in kleine Gefrierbeutel für die langen, kalten Wintermonaten.

Weiße Würmer

Manche Leute sagen, dass sie entweder nicht wachsen sie, oder sie werden nicht füttern, um ihren Fisch aus gesundheitlichen Gründen. Nun, in vielen Fällen die Gesundheit der Fische liegt die Kugel. Weiße Würmer sind eine ausgezeichnete Küche und ein aktiver Nahrung, die Fische zu füttern stimuliert. Sie haben auch gute ernährungsphysiologischen Eigenschaften, die Jungfische einen sehr guten Start zu geben.

TIEFKÜHLKOST

Es gibt viele Sorten von Lebensmitteln Gamma stehen dem Discus Sammler. Viele von ihnen sind geeignet, um die Grunddiät von Live-Lebensmittel und zubereitete Lebensmittel in diesem Kapitel zu ergänzen.

Eine Auswahl von Tiefkühlkost und Rinderherz nach Autor Alastair R Agutter Vorbereitet: Foto mit freundlicher Genehmigung von Derek Treacher 1988.

Die Verwendung von Gamma leuchtet Nahrung eliminiert das Risiko von Krankheiten mit einigen Live-Lebensmittel, mit denen müssen wir darauf achten, dass eine Infektion der Fische zu verhindern Erreichen gefunden. Ein wichtiger Punkt zu erwähnen, über Tiefkühlkost für Ihre Fische ist, dass Sie müssen sicherstellen, dass sie ordnungsgemäß vor der Fütterung aufgetaut. Es mag selbstverständlich klingen, die meisten, aber ich habe gesehen, Fische leiden an Magen vereitert, von wo aus der Aquarianer hat das nicht getan.

Die Tiefkühlkost Ich empfehle sind Mückenlarven, Muschel, Muschel, Daphnia, Mysis, Artemia, Sandaale, Heringsrogen und Lobster Eggs. Wie Sie sehen können gibt es eine große Auswahl genug, um Fütterung interessant und ermutigend für die Fische. Die erste Sache zu erinnern, wenn wir halten diese Arten, vor allem Wildfängen, ist, dass sie besondere Bedürfnisse haben, und viele der Todesfälle und Krankheiten dieser Fische verhindert werden kann. Viele von ihnen sind durch Not und Mangel an Ernährung Lebensmittel verursacht. Ich lese und höre, viel zu oft, Schriften und Kommentare von Menschen, die ihre Tanks gezüchtet oder wild lebende Fische nicht essen Flockenfutter. In vielen Fällen ist es rein Mangel an Voraussicht seitens der Aquarianer. Alle Wildfisch habe ich gehalten haben solche Lebensmittel wie Flockenfutter gegessen. Wie? Ich würde nicht erwarten, dass eine wilde Fische Flockenfutter direkt aus der Dose zu essen, da es nicht inspirierend. Die beste Lösung ist, um die Flockenfutter mit anderen Lebensmitteln, indem sie Rezepte für die Fische zu mischen, wie einige Flockenfutter enthalten wertvolle Inhaltsstoffe.

**Prodac Fish Food Heute Biologisch abbaubare durch
(www.prodacinternational.it) im Jahr 2014**

Fütterung für Fisch ist eines der wichtigsten Teile seines Lebens. Wenn Sie diese auf die Bedürfnisse der Menschen zu beziehen und sich zu einem guten Koch für Ihre Fische, werden Sic nicht nur gewinnen Zufriedenheit zu besitzen schöne Art, wird aber von den Fischen zurückgezahlt werden, denn sie werden wollen, in einer Umgebung, die sich sicher fühlt reproduzieren sie. Ich versuche bei jeder Fütterung eine Auswahl von drei Lebensmittel zu einer Zeit, zu füttern. Manche Menschen können dieses chaotisch oder seltsam finden. Ich erzähle einfach wieder zur menschlichen Natur, wie wir essen eine Vielzahl von Lebensmitteln jeden Abendmahls. Die Fische genießen Sie diese auch, sie haben eine Auswahl und auch sie werden nicht langweilig geworden, wie wir tun, wenn wir essen das gleiche Essen jeden Tag und Nacht.

Wenig und oft, manche Leute sagen, mit Bezug auf die Ernährung ihrer Fische. Es ist eine dumme Politik, die

Überfütterung der ein Fisch führen kann, oder dann nur zu finden, alle Fische sind an Hunger gestorben. Was haben wir zu berücksichtigen, wenn wir füttern Fisch? Wenn wir wüssten, bevor wir nur einen kleinen Prozentsatz der Aquarianer Fische halten würde, vor allem Diskuswurf, wenn ihr Interesse war nur in die Gesundheit der Fische. Die Faktoren, muß man berücksichtigen, sind die Größe des Aquariums, die Anzahl der Fische, die Art der Filtration und die Menge der Zufuhr erforderlich ist.

Wenn wir diskutieren, frisch geschlüpfte Fische von nur einer Woche bis 21 Tage alt sind, stellen sie keine Probleme in Bezug auf die Menge der Lebensmittel, die Sie geben, als Sie sollten, die mindestens einmal Wasserwechsel pro Tag. Bei der Fütterung von Jungfischen ist es wichtig, die Bedeutung dieser frühen Fütterungen zu verstehen. Ich füttere vier vielleicht sieben Mal am Tag, die Verbreitung der Nahrung um das Aquarium, um sicherzustellen, dass jeder Fisch erhält Nahrung in einem Zeitraum von 10 Minuten. Ich lasse dann meine Fütterung bis drei Stunden später, so dass die Babys werden nicht nur weiter essen aber Zeit, um vollständig zu verdauen jedes Teilchen, die sie essen haben. Verdauung dauert in der Regel 2-1 / 2 Stunden damit die Fische erhalten den maximalen Aufschlusszeit für ihre Nahrung und der maximale Nutzen daraus.

Ich normalerweise machen zwei Wasserwechsel pro Tag von rund dreißig Prozent, mit direkter Band Wasser als die Fische haben sich an der lokalen Wasser, das eine unschätzbare Quelle ist eingewöhnt. Das Wasser Ph. Durchschnittswerte 7,2 und einer Gesamthärte von rund 320 ich das Wasser einmal erste, was zu ändern in der Früh, als sie nichts seit der letzten Nacht, die sie nervösen Magen Beschwerden geben könnte, aufgrund der Störung gegessen. Die zweite Wasserwechsel ist letzte, was in der Nacht gemacht, bevor ich ins Bett gehe, um alle Futterreste und Ausscheidungen, die das Wasser verunreinigen können löschen.

Ich behaupte, eine Temperatur von 86 Grad in den ersten Wochen und dann fallen die Temperatur auf 82 Grad, so dass die jungen Fische nicht Abbrennen Essen. Wenn diese Art der Fütterung beibehalten wird das Wachstum der Fische wird überraschend. Versuchen Sie, aus dem Transport des Fisch aus dem Aquarium bis zur 16. Woche zu verzichten. Normalerweise sollten die meisten Fische der gleichen Größe sein, es sei denn der Stamm zu stark Inzucht gewesen, wenn die Zahlen untermaßige Exemplare können hoch sein, wenn die Fische gelaicht genetisch falsch. Eine verformte oder unterentwickelt Fisch sollte, da sie eine Bedrohung für die Zukunft der Stämme specie sein entsorgt werden und wird weitere Probleme verursachen. Diese Punkte werden im Kapitel über die "Zucht" in diesem Kapitel von "Genetik der Arten" abgedeckt.

DISCUS Fisch-Rezepte
Von Alastair R Agutter

In den nächsten folgenden Seiten habe ich eine Reihe von interessanten Rezepte für Ihre Diskusfische Diät gesetzt. Einige Rezepte werden für junge Jugend Discus sein. Ich werde die Fütterung des Babys Discus im Kapitel über Laichen und Aufzucht von Jung Diskus, wie kann ich dann erklären, die Gründe mit einigen dieser Lebensmittel zu decken.

REZEPT ONE

Rindfleisch Herz und Leber - geeignet sowohl für Erwachsene und junge Fische

Sie benötigen: -

4 lbs Frisches Rindfleisch Herz
4 Unzen frische Leber
1 Multi-Vitamin-Tablette (Health Shop)
3 Esslöffel pflanzliches Flockenfutter
1/2 lbs frischem Spinat
1 Beutel Gelatine

Zuerst müssen Sie sich selbst zu finden eine gute Größe Glasschüssel, und dann haben Sie ein Mixer, der die Fähigkeit, um Kaffee zu mahlen hat müssen. Setzen Sie den Rinderherz auf einem Schneidebrett und schneiden Sie das Fett und Ventile des Herzens, nur das Fleisch, das in kleine Würfel geschnitten werden sollte verlassen. Legen Sie die gehackte Fleisch in die Mixer, mit dem Kaffee Mahlgrad und dann mahlen für ein paar Mal, bis fast pastös. Weiterhin die gleichen mit der ganzen Rinderherz zu tun, dann in die Glasschüssel geben.

Schneiden Sie die Leber in Würfel, aber fügen Sie diesen direkt in die Schüssel mit den Esslöffel Flocken Essen. Mit warmem Wasser, lösen die Vitamin-Tablette und mischen in allen Zutaten. Hacken Sie den Spinat in feine Art, pürieren und fügen sie zu den anderen Zutaten gut mischen. Endlich ein Beutel Gelatine und etwa einen Zoll von Wasser oder eine Tasse und fügen Sie mit einem Milch Größe Topf; wird leicht erwärmt und mischen in der Gelatine bis sie leicht pastöse wird, dann rühren Sie die Gelatine in die Zutaten und mischen kräftig, um sicherzustellen, es gründlich gemischt worden. Schließlich Verpackung für den Gefrierschrank ist leicht getan, im Wege der offenen Einfrierens, wenn Sie die Mischung verteilt auf ein Backblech zu Quadraten oder Rechtecken zu machen, je nachdem, was vorzuziehen ist, um eine einfache Trennung einmal für Gefrierbeutel eingefroren zu ermöglichen. Ich benutze immer diesen Prozess beim Einfrieren von unten alle diese Rezepte, die ich für meine Fische.

REZEPT ZWEI

Rinderherz und Ei - Geeignet für Erwachsene und junge Fische

Sie benötigen: -

4 lbs aus reinem Rinderherz
1 Multi-Vitamin-Tablette
3 Hard Boiled Eigelb
3 Esslöffel pflanzliches Flockenfutter
1 Beutel Gelatine

Vorbereiten und mischen wie zuvor.

REZEPT DREI

Rinderherz und Fische - Geeignet für Erwachsene und Jungfische

Sie benötigen: -

4 lbs aus reinem Rinderherz
2 lbs von Fresh Sand Aale (in kleine Stücke gehackt)
5 Esslöffel pflanzliches Flockenfutter
5 EL Frischheringsrogen
1 Multi-Vitamin-Tablette
2 Esslöffel Agar Agar
1 Beutel Gelatine

Vorbereiten und mischen wie zuvor.

REZEPT VIER

Shell Fisch und Rinderherz - Geeignet für Erwachsene und Jungfische

Sie benötigen: -

4 lbs aus reinem Rinderherz
1 lbs von frischen Garnelen (geschält)
1 lbs von Frische Garnelen (geschält)
1 lbs von Frische Miesmuscheln
1 lbs von frische Muscheln
2 Teelöffel Agar Agar
1 Multi-Vitamin-Tablette
4 Esslöffel Tetra Rubin Flockenfutter

1 Beutel Gelatine

Vorbereiten und mischen wie zuvor.

REZEPT FÜNF

Meeresfrüchte Special - geeignet für Erwachsene und Jungfische

Sie benötigen: -

1 lbs von Frische Miesmuscheln
1 lbs von Fresh Meat Jakobsmuscheln
1 lbs von frische Muscheln Fleisch
2 lbs von Sandaalen
4 Esslöffel Agar Agar
1 Multi-Vitamin-Tablette
1 Beutel Gelatine

Vorbereiten und mischen wie zuvor.

REZEPT SECHS

Discus Fish Food für Veranlassung zu laichen

Sie benötigen: -

1 Päckchen Lobster Eier
4 lbs von frischem Rindfleisch Herz
2 hart gekochte Eidotter
2 Esslöffel getrocknete Bakers Eigelb
2 Sachets von Aqua Bio "U"
2 Multi-Vitamine Tabletten
6 Esslöffel Promin High Protein Lebensmittel
2 Esslöffel Agar Agar

1 Beutel Gelatine

Vorbereiten und mischen wie zuvor.

Wir weisen Sie jedoch daran erinnern, dass diese
Lebensmittel für die Konditionierung der Fische, um sie
dazu zu bewegen, laichen vorbereitet worden, so dass nur
eine Woche vor der Pläne für Laich ernähren.

REZEPT SIEBEN

Aufzuchtfutter - Für Fisch von sechzehn Wochen oder
mehr, um Erwachsene Größe

Sie benötigen: -

10 lbs von frischem Rindfleisch Herz
5 EL Promin Protein
3 Esslöffel pflanzliches Flocken
7 EL Tetra Rubin Flockenfutter
2 Multi-Vitamine Tabletten
1 Beutel Gelatine

Vorbereiten und mischen wie zuvor.

SPEICHERUNG ERWACHSENE

Um über die Fütterung zu schließen, mit Bezug auf erwachsene Fische, füttere ich sie in den meisten Fällen zweimal am Tag, einmal am frühen Morgen und einmal am frühen Abend.

Fütterungszeiten kann sehr rasenden: Fotografien von Bonzami Emmanuelle (www.123rf.com) und entwickelt und von Autor Alastair R Agutter zusammengestellt (www.alastair agutter.com).

Neue Aktien Fisch erscheinen oft etwas dünn und unterernährt, und diese erweitere ich Fütterung bis drei Mal pro Tag, die Einführung einer weiteren Vorschub um 10.00 Uhr. Dies ermöglicht die Fische kurz vor dem Ruhe zu essen. Aus diesem Grund wird die Mahlzeit, die verdaut wurde in erforderlichen Bereichen und schließlich Fett umgewandelt werden. Während der Fisch ruht es wird nicht auf Bewegung singen werden keine wertvolle verdauten Nahrung.

Sobald die Fische angesiedelt, ist meine normale Praxis mit erwachsenen Discus, um ihnen einen Teilwasserwechsel jede Woche geben. Am Tag vor dem Wasserwechsel, schnell ich den Fisch für 24 Stunden. Diese Übung wird unnötige Verdauungsstörungen und Verstopfung zu verhindern. Es ist auch von besonderer Bedeutung für die neu erworbenen Fische unter Behandlung für innere Parasiten Befall, S Dieses Fasten werden die inneren Organe zu löschen.

Ein letzter Hinweis mit Bezug auf die vorbereiteten Rezepte, die ich gegeben habe, habe ich den besten Weg von Schneid das Essen ist, wenn in gefrorenen Blöcken mit einem Metall-Reibe gefunden. Je gröber schleifen kann für Lebensmittel für Erwachsene sein, wie sie wollen, um an größeren Teilchen der Nahrung zu sich nehmen, und kleinere Rost zur Einspeisung jüngere Fische verwendet werden.

Denken Sie daran, alle Lebensmittel auftauen!

KAPITEL FÜNF

Die Anforderungen an die Filtration Diskus

FILTRIERUNG

Es gibt viele Bücher, die verschiedene Filtrationsverfahren für Tanks im Allgemeinen. Dieses Kapitel befasst sich mit der Filtration speziell im Hinblick auf die Anforderungen der Discus. Es hat mir viele Experimente gemacht und über viele Jahre, um die am besten geeignete Filtersysteme für Diskusfische zu entwerfen.

Eheim Deutschland ist Renommierte Außenfilter-Spezialisten, ideal für eine natürliche Aquarium Umwelt: (www.eheim.com) nach Autor Alastair R Agutter erstellt.

Heute gibt es viele kommerzielle Varianten der Filtration, aber sie können nicht alle auf die hohen Anforderungen Diskutieren bei der Suche nach einem natürlichen Aquarium Umwelt besonders skaliert werden. Allerdings sind die meisten der Filtrationssysteme sind für Gesellschaftsaquarien konzipiert. Unter Kiesfiltration scheint immer noch sehr beliebt bei vielen Aquarianern zu sein für die Substratfiltration : der Abfall bis auf den Kies gezogen und gezogen und durch den Kies entladen, wodurch eine Bakterienbasis, die nicht für den sensiblen Discus wirklich wünschenswert. Darüber hinaus werden viele unerwünschte Chemikalien beibehalten und nicht aus dem Aquarium Freigabe, der eine toxische Umgebung. Netzfilter sind heute mechanisch Ton und erzielen schnelle Entfernung aller Ablagerungen, Pflanzen Vegetation und Futterreste, die dann nach unten durch ein Medium in den meisten Fällen außerhalb des Aquariums gebrochen.

Bei der Wahl eines Filtersystems müssen wir bedenken, dass wir die Fakten werden mit einem nackten Hintern Aquarium in den meisten Fällen, die wir wollen, dass unsere Discus schließlich um in diesem Umfeld zu laichen zu tragen. Es sind daher eine Reihe von lebenswichtigen Faktoren zu berücksichtigen. Ich habe ein System, um alle folgenden Funktionen dienen konzipiert.

Die Vielseitigkeit der Schwamm Filtration: Foto mit freundlicher Genehmigung von Derek Treacher, Autoren-Fisch.

1/. Die Wasserqualität muss so sauber wie möglich sein,

wobei alle Schmutzpartikel entfernt, um sicherzustellen, dass die Befruchtung der Eier nicht von verunreinigtem Wasser beeinflusst.

2/. Wir brauchen ein System, das nicht saugen bis keine freien Schwimmen Baby braten.

3/. Wir benötigen ein System, das maximale Sauerstoffversorgung gibt. Dies ist nicht nur für den Fisch profitieren unterstützen, sondern auch, um den gewünschten bakteriellen Abbau unterstützen.

4/. Wir brauchen ein System, das eine konstante Bakterien Medium fördert.

5/. Wir brauchen, um eine maximale Wasserkreislauf, um die Reinigung des Wassers zu halten. Beachten Sie, dass der Discus natürlichen Umgebung der Wasseraustausch erfolgt zehn Mal pro Stunde, und es ist klar, dass dies ein wichtiger Faktor bei der Erreichung optimale Bedingungen für die Fische werden. Das Wasser muss auch weich auf den gewünschten DH und PH und Filtration müssen beide konstant und konsistent sein.

Außergewöhnlich zuverlässige externe Kanister Filtration: Foto mit freundlicher Genehmigung von Derek Treacher, Autoren-Fisch, Alastair R Agutter 1988.

Ich habe folgendes System, das speziell für meine eigenen Anforderungen an Haltung von Diskus konzipiert. Das System kann einfach auf die Abmessungen Ihres Aquariums durch einige einfache Berechnungen angepasst werden. Ein Diagramm des POWER-VERGEBLICH Filtrationssystem ist in dem Kapitel, mit einer Liste der Vorteile und Funktionen dient es, dass wir für die Diskus-Aquarium.

Das Maximum in einer optimalen Filtration Umwelt Gewonnen: Foto mit freundlicher Genehmigung von links Derek Treacher, ein Zuchtpaar von Turquoise Discus Urheber Fish - Alastair R Agutter.

Ein Filtersystem, die einen Schwamm benutzt wird empfohlen, da dies nicht das Wasser verschmutzen oder frei keine toxischen Substanzen, die schädlich sind, um den Discus, anders als unter Kiesfilter oder einem anderen

Substrat Medium Geräte. Der andere wichtige Asset-Schwamm ist, dass es eine Fläche, die jungen Diskus braten auf zu füttern, ohne die Gefahr, dass sie in der Filtereinlass gezogen. Ich habe Anzeige verwendet bestimmte bio Schaumfilter gesehen, und sie haben sich als sehr praktisch. Es gibt eine Anzahl auf dem Markt leicht erhältlich, und sie sind auch sehr einfach zu warten und zu reinigen.

Es ist sehr schwierig, die Sauerstoffsättigung in einem Aquarium mit Luftpumpen erreichen. Sie schaffen zu viel Turbulenz und geben auch eine hohe CO2-Faktor. Die Strömungs muss auf der Oberfläche des Wassers, als ob es wurden ein Wehr bzw. einen Strom kommen oder als ob es regnet. Jeder Wasserpartikel, dass der Tank so tritt enthält die maximale Menge an Sauerstoff und mehr Sauerstoff als jedes Teilchen explodiert auf der Wasseroberfläche erzeugt. Um die richtigen Bakterien auf der Filtermedien zu erwerben, ist der ideale Helfer Sauerstoff zu etablieren und zu unterstützen bei der Zerlegung von Nahrungsmittel und andere Abfallprodukte. An dieser Stelle eine der begehrtesten Anforderungen in Ihrem Aquarium (mit Ausnahme von einem Blumentopf) ist ein Oxydator produziert und von Dr. Schocting in Deutschland, die Wasserstoffperoxid verwandelt durch Umwandlungskatalysator hergestellt. Dies gibt die maximale Sauerstoffsättigung, die nicht nur lebenswichtig für die Filtration bietet aber einen Impuls für die Diskus und ein wichtiger Faktor für ihr Wachstum.

Die Power Vain Filtration System ist so konzipiert, Ihnen einen Austausch von zehn in einer Stunde des Gesamtwasservolumen , das durch den Kauf von einem oder einer Leistungskopf, der in der Kammer, die wir gemacht haben, positioniert werden kann erreicht wird, zu geben. Das Wasser wird durch den Schwamm Medien gezogen und über Substrate, die als biologische Rieselfilter handeln und wo Substrate können auch gezielt ausgewählt werden, um die genauen Wasserbedingungen zu bestimmen, beispielsweise Kreide gefiltert als Teil eines Substrats, härter zu Wasser oder in Torf erstellen das Filtersubstrat, weicher Wasserbedingungen zu schaffen. Das Laufrad oder die Stromkopf überträgt dann das Wasser bis das Rohrleitungssystem, die wir gemacht haben, über das gewünschte Substrat und dann streut wieder auf der Wasseroberfläche. Die große Menge von Wasser zu verdrängen ich empfehlen, dass Sie ein Minimum von drei Auslässe auf der Wasseroberfläche zu erstellen. Durch die Berechnung von Gesamtwassermenge und dann Multiplikation mit zehn erhalten Sie eine Zahl für Ihren gewünschten Umsatz, und dann alles, was Sie tun müssen, ist, die Macht Kopf Laufrad, das einen Umsatz entspricht das hat vorstellen.

Ein weiterer nützlicher Punkt zu erwähnen ist, dass man auch Haus Ihre Heizungen oder Heizer, in der Kammer zu entfernen diese aus dem Fisch. Das ist eine gute Idee für die Fische wie beginnen, bis zur Erwachsenengröße wachsen und beginnen zu paaren, viel Kampf beginnt und viele Male habe ich Heizungen durch diese verloren. Im schlimmsten Fall könnte man sogar verlieren Ihre Fische. Durch das Entfernen der Heizungen zu der Kammer bedeutet, dass alles enthalten sein, sauber und ordentlich; es werden auch die Reinigung des Aquariums.

Mit der Power Vain Filtersystem, ist es möglich, Filtration, um noch effizienter Staat durch eine Rohrleitung Ihres Power Vain Filtration System zu Zweck gemacht Rieselfiltervorrichtung (siehe Diagramm).

Die natürliche Filtration Umwelt Wir müssen versuchen, replizieren: Der Amazonas - oben rechts Autor - Unten rechts ein braunes Discus: Foto mit freundlicher Genehmigung von Sophie Traen (www.123rf.com).

Die Trickle-Filter hat viele zusätzliche Vorteile, die deutlich werden, wenn wir uns die natürliche Struktur der meisten Flüsse und Gewässer, die natürlichen Abbau benötigen. Trennung und natürlichen Abbau von Organismen ist ein riesiges Thema, aber ich habe unten folgende Theorien in Bezug auf dieses Thema gelegt.

Es scheint aus meiner Ergebnisse deutlich, daß das Filtrationsverfahren für Discus und andere Spezies wurde von vielen Faktoren, die sich auf verschiedene Alterszeiten der Fische und verschiedenen Börsen basieren. Ich habe festgestellt, dass die Art erfordert eine Anzahl von verschiedenen Strukturen der Filtration in den verschiedenen Phasen, von Baby bis zu Erwachsenen juvenile.

Die natürliche Filtration Umgebung, die alles Leben abhängt: Die Amazonas - oben rechts unter Bäumen - Unten rechts der Kormoran: Foto mit freundlicher Genehmigung von Iuliia Sokolovska (www.123rf.com).

Aufgrund der Partikelstruktur des Wassers und das Volumen der Sauerstoffsättigung oder der Sauerstoffwert, ist es vorteilhaft, einen biologischen Abbau außerhalb der Grenzen des Wassermasse zu konstruieren.

Im natürlichen Zustand am meisten Wasser fließt über bestimmte Mineralien oder Arten von Pflanzen und Erde Typen, die alle den Zustand des Wassers beeinflussen. Ob es wird schwer sein, oder sehr weich ist von all diesen Faktoren bestimmt.

Deshalb haben die meisten Ufer ähnliche Funktion wie die einer Tropfkörper in einem Aquarium. Die Anwendung dieser Informationen können Sie verschiedene Vermittler Netze, um Ihre Rieselfilter zu konstruieren, um Ihnen die erforderliche Wasserqualität zu geben. Erstellen einer Trennstelle, von wo aus Ihr Aquarium momentan über Medien Betten bestanden außerhalb des Aquariums, brechen den Kontakt mit den konstanten Strom, Sie erreichen einen Austausch von Bakterien, die für externe

Zusammenbruch.

Power Vain Filtration System

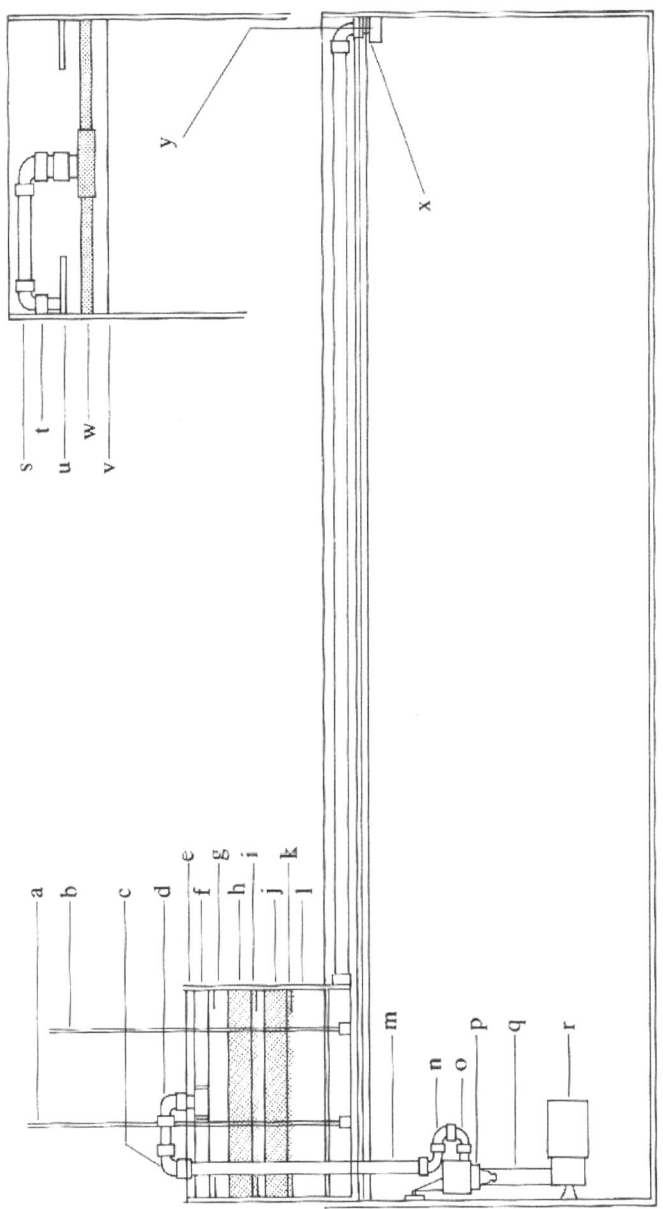

Capacity of 440 litres = Exchange of 4,440 Ltr.

Die Power Vain Filtration System Entworfen und hergestellt von Alastair R Agutter Urheber Entwickelt im Jahr 1988

69

THE POWER VERGEBLICH
Rieselfiltervorrichtung SYSTEM
Erfunden und vom Autor selbst
erstellte - Alastair R Agutter 1988

a) Flug und Luftsteine für die Sauerstoffversorgung der biologischen bakteriellen Abbau.

b) Zweite angrenzenden Fluggesellschaft und Stein für die Sauerstoffversorgung im ganzen oben Medium.

c) Inlet-bend auf Filtration Netze.

d) Inlet-bend auf den zweiten Zustand der Filtration Netz.

e) Deckel zu isolieren und eine konstante Temperatur für den bakteriellen Abbau.

f) Gefasste Spritzbalken für die Verteilung der Wasserkreislauf über Filter.

g) Loch Pre-Gitter für Wasserverdrängung auf Medienbett.

h) Zweite Filterreaktor zur biologischen Abbau über groben Schwamm Medium Bett.

i) Zweite vor-Gitter für die Verschiebung von Wasser über feine Bio-Reaktor Bett.

j) Feinfilter dritten Reaktor zur biologischen Abbau von Giftstoffen zur Umkehr auf.

k) Third Wasserverdrängung Gitter um die Verteilung der Filtration Fluss für die Sauerstoffversorgung.

l) Spray Herbst Tasche für den Kreislauf und die Trennung zwischen Reaktoren und Wasserdurchfluss.

m) Filtration Transfersystem Rohr.

n) Transfer System beugt Ventura Laufrades.

o) Zweite Transfersystem-Kurve nach Ventura Laufrad

p) Powered Kopf oder Laufrad-System für die Übertragung auf Filterkammern.

q) Übertragung von Eingangs Vorfilter Laufrades.

r) Pre-Filter, eine schnelle Änderung der Grobkornsammlung .

s) Übertragungsablaufbogen.

t) Zweite Steckdose Transfer-Kurve.

u) Aquarium Verstärkungsrippen.

v) Übertragung Filtration Steckdose an der Oberfläche des Wassers als Rinnsal Systemleiste.

w) C.W.L konstanten Wasserstand.

x) Transfer Steckdose Tee Abschnitt.

y) Ventura Rinnsal Bar übertragen.

KAPITEL SECHS

Die Genetik und verschiedene Stämme von Discus

Ich hoffe, dass dieses Kapitel eine Richtung zu geben und zu erleuchten Anfänger einige Diskusliebhaber , die auf der Gnade der skrupellose Ladenbesitzer und Züchter in Bezug auf die Identität einiger Arten gefallen. "Ja Sir, Damen und Herren, diese Discus Fische sind Blau Discus".

Heutigen Aquarianer die Qual der Wahl, mit der sehr viele verschiedene Stämme und Farben von Diskus. Zuchtstandards, da dieses Buch zu schreiben hat sich stark verbessert. Aber Sie müssen auch noch sehr vorsichtig sein beim Kauf, um sicherzustellen, Sie bekommen, was Sie bezahlen. Foto mit freundlicher Genehmigung von:
Bonzami Emmanuelle (www.123rf.com).

Erst später hat der Neuling herauszufinden, nach neun Monaten harter Arbeit Anhebung ein halbes Dutzend kleine Diskusfische, sind sie nicht mehr als Brown Discus von einem Ladenbesitzer aus dem Fernen Osten importiert. Von Zeit zu Zeit wieder, die ich gesehen und davon gehört haben. Eine Menge davon stammt aus der Krämer Gier nach mehr Profit, ohne Weitsicht, um zu sehen, wenn Sie der worden, nachdem ursprünglich aussah, würden Sie ein geschätzter und treuer Kunde zu werden.

Mit so viel, dass dies geschieht, kann ich ganz erkennen, warum einige Veröffentlichungen behandeln uns wie Anfänger, oder verfügen nur sehr grundlegende Artikel. Es konnte eindeutig der Fall, dass der Aquarianer wird enttäuscht sein und im Stich gelassen, dass er oder sie gibt den Zeitvertreib, und diese Publikationen sind vor allem für die Anfänger zu schreiben. Ich hoffe aufrichtig, dass unsere geliebten Interesse kann schließlich selbst befreien von solchen unerwünschten, und dass ein Groß aufrütteln erfolgt über Qualität und Pflege der Vieh durch bestehende und neue Handelsgesetze.

Glücklicherweise gibt es viele Züchter, die einen hohen Sinn für Moral auf die Fische, die sie verkaufen, um Aquarianer und genießen Sie die Früchte und die Zufriedenheit der Zucht gute Qualität Fisch und die Fürsorge. Aber es liegt an den Käufer, seine oder ihre Entscheidung zu verwenden, um sie zu finden. Wir sind derzeit mit sehr vielen Fische, die aus dem Fernen Osten importiert konfrontiert. Es besteht die Gefahr hier, wie die asiatischen Züchtern sind berüchtigt für Fische künstlich Färbung, indem er eine Hormonbehandlung in der Fische Ernährung. Zum Beispiel eine braune Discus behandelt wie diese wird wie ein blauer Diskus für eine Reihe von Wochen zu suchen. Aber nach, dass sie zurück zu Brown Discus ändern, weil Sie nicht in der ihnen Hormontabletten mit der Nahrung vermischt. Ich freue mich, zu sagen, dass Fisch garantierte Qualität kann von unseren Züchtern in Deutschland, Holland und den Vereinigten Staaten, und eine gute Anzahl in Großbritannien erhalten werden, einige, die in bestimmten Stämmen von Discus spezialisiert sind. Aber nicht der Illusion hingeben, dass diese Fische wird billig sein, wie viel Zeit, Liebe, Pflege und Fütterung ist in Anhebung dieser Fisch zu etwa 6 oder 8 Monate, bevor sie verkauft werden können weg. Allerdings ist es auch wert, den Preis für Fische dieser Alters von einem seriösen

Züchter. Sie werden ihre Farben haben meist bis dahin, so dass Sie wissen, was Sie kaufen; noch wichtiger ist, werden Sie in den meisten Fällen in der Lage sein, die Eltern zu sehen und Beratung vom Züchter auf die Lebensmittel-und Wasserqualität, die Ihre neue Fische lieber gegeben werden.

Das türkis DISCUS

Es war wirklich in den 1970er Jahren, dass der Turquoise Discus oder Türkisch, wie es in der deutschen Sprache bekannt ist, kam, um an der Spitze der Discus Sorten wegen seiner herrlichen Färbung.

Der Vater des Turquoise Discus Jack Wattley, gefeiert weltweit renommierten Züchter in den Vereinigten Staaten. Die beiden Arten sind Nachkommen der Über Wattley Fisch. Brilliant Türkis Diskus Right. Hallo Fi Turquoise Discus Links: Fotos: Dr. Liv Singh Khalsa und Oleksii Boiko.

Diese Sorte wurde zuerst von Jack Wattley in den USA entwickelt, nach seinem eigenen Besuche und Expeditionen in die Wildnis und besuchen Fischfarmen und Stationen war er in der Lage, Proben von diesen Außenposten weit in den Süden Amerikas zu erhalten, Orte wie Belem, Iquitos und Leticia . Diese Proben, nach einer viel Auswahl, Zucht den Grundstein für die Entwicklung der Türkis, Arten wie der peruanische Leben und grün und deutlicher der Royal Blue Discus. Er fand, dass durch die Auswahl für die Farbe und den blauen und grünen

Querlinien hatte er eine Basis, um die türkis Diskus zu entwickeln. Natürlich dauerte es eine Anzahl von Laich s und eine sorgfältige Auswahl von Generation zu Generation um ein Formular mit maximaler Intensität der Färbung zu entwickeln. In den genetischen Bedingungen wurden diese Proben für ihre erhöhte Melanophoren oder Pigment-tragende Zellen ausgewählt.

Das türkis DISCUS
DER DEUTSCHE WEG

In Europa wurden einige interessante Entwicklungen stattfinden, vor allem durch die Arbeit von Dr. Eduard Schmidt-Focke, der schließlich entwickelt die deutsche Turquoise Discus Fisch. In dieser Vielfalt ist die Farbe intensiver und auch konsequenter als früher Stämme. Die Liste der Stämme und Entwicklungen ist endlos. Ich fühle mich Dr. Eduard Schmidt-Focke, und viele andere deutsche Züchter, muss heute gedankt werden für

Das berühmte Schmidt-Focke Rare Türkis Rot Discus und die Nachkommen Stämme: Foto mit freundlicher Genehmigung von Dr. Eduard Schmidt-Focke

Entwicklungs Sorten mit mehr Farbe und größere und untersetzte Körpermerkmale. Heute gibt es nur sehr wenige Schmidt-Focke Fisch zum Kauf in Großbritannien erhältlich. Es gibt eine Reihe von Züchtern mit diesen Fischen, aber wenn Sie Schmidt-Focke Flecken, wie die Royal Türkis Diskus und dem Roten Turquoise Discus möchten, finden Sie sie leichter durch deutsche und niederländische Züchter Kontakte erhalten.

Wattley Türkis Stämme von früheren Tagen der Turquoise Discus auf den aktuellen Tag dieser großartigen Nachkomme im Zentrum von Mac Powder Blue. Dieser Stamm in der Mitte als eine Kobalt-Blau bekannt: Fotos mit freundlicher Genehmigung von Dr. Liv Singh Khalsa, Paul Clayton, Photo by (www.123rf.com).

DIE Powder Blue DISCUS

Dieser Fisch wurde von Mac Galbreath in den Vereinigten Staaten von Amerika entwickelt. Die Fische werden überwiegend mit einem blauen Schimmer über den Körper gefärbt, wobei die Weibchen manchmal ein bisschen weniger bunt. Erhalten Nachkommen aus dieser Ausgangsstamm wirft einige Probleme in Europa und den USA.

Zucht Paar Dehnungs 7 Turquoise Discus Oben rechts sind Autor ist Fisch im Jahr 1988: Haupt Fotografie ist Nachkomme von Mac Powder Blue. Mit freundlicher Genehmigung von: Andrey Armee Gov (www.123rf.com)

Der Kobalt DISCUS

Dieser Stamm wurde durch Kreuzung der Heckel-Diskus und einem blauen Discus entwickelt. Es ist eine attraktive Sorte mit einem violetten Schimmer. Die Verfügbarkeit ist aufgrund der Notwendigkeit für eine sorgfältige Linienzucht begrenzt. Allerdings gibt es einige asiatische Importe behaupten, Cobalt-Stämme sein, obwohl die meisten von denen, die ich gesehen habe, sind Türkis.

Auf der linken Seite ist das Blue Discus (haraldi) und auf der rechten Seite ist die Heckel-Diskus. Diese beiden Wildarten sind die Vorfahren für die Erstellung der Powder Blue und Cobalt Blue Discus. Mit freundlicher Genehmigung von: Andrey Armee Gov (www.123rf.com)

THE RED DISKUS

Diese Vielfalt wird noch in Deutschland von einer Reihe von berühmten Züchtern in Hamburg entwickelt, und ist noch nicht wirklich etabliert. Es gibt einige, die diese Sorte aber ein Wort der Vorsicht entwickelt haben, zu erreichen. Zwar gibt es sehr viele erfahrene Züchter nun in der heutigen asiatischen, über die Zucht von Red Discus. Es gibt einige Exemplare auf dem Markt, braun aufgezogen Discus Vielfalt, die auf Fischfutter mit Farb Hormone zugeführt werden, sind.

Auf der linken Seite ist ein deutscher Bred Red Discus von Dr. Eduard Schmidt-Focke und rechts. Im Zentrum ist eine asiatische Bred Red Diskus (Pompadour) von einem seriösen Züchter. Fotos mit freundlicher Genehmigung von: Dr. Eduard Schmidt-Focke und Mirosław Kijewski (www.123rf.com)

DIE Rot Türkis DISCUS

Es gibt eine Reihe von guten Stämme der verfügbaren Rot Türkis Diskus, von denen einige habe ich selbst gesehen. Das Beste aus Holland und Deutschland.

Vor kurzem sah ich ein Paar niederländische Rot Türkis Diskus und ihr Zustand war ausgezeichnet. Für ein Zuchtpaar in diesem Zustand angemessene Gebühr -, dass bestimmte Paar wurde bei 750,00 $ festgesetzt.

Wie alle Brilliant Farbige Diskus begann "Berühmte Handels Züchter" Jack Wattley? Der Architekt des Turquoise Discus. Jack Wattley Abgebildet mit Handbuch Linke. Rechts die Progression der Arten, mit der Brilliant Türkis Diskus abzuleiten. Fotos mit freundlicher Genehmigung von Nick Hulme, Jack Wattley, Dr. Eduard Schmidt-Focke, Oleksii Boiko, Andrey Armee Gov, Brandon Alms. (www.123rf.com) und (www.wattley discus.com)

BRILLIANT TÜRKIS DISCUS

Diese Sorte ist eine Entwicklung von der Turquoise Discus. Wo Züchter ausgesucht jene Proben, zeigten sie mehr aus einem metallischen Färbung durch eine Abweichung der Querlinien und durch selektive Züchtung entwickelt Stämme, die die Eltern charakteristischen Merkmale maximiert. Der erste Stamm von Brilliant Türkis Diskus hatte eine Reihe von Quer roten Linien Vermischung im ganzen Körper. Nach der Auswahl mehr Türkis Diskusfische aus diesem Stamm eine große Anzahl der Männchen hatten mehr brillant türkis Färbung. Allerdings, je mehr Sie haben einen Bestand Inzucht, um einen bestimmten Stamm zu entwickeln, desto größer ist die Gefahr der Missbildung. Die etwaigen Muster zeigt schon leichte Fehlbildungen müssen eingestellt werden A-Seite sonst diese charakteristischen Fehlbildungen sind wahrscheinlich, um sich in dem Stamm zu etablieren, die von fin Miss Gill Missbildung, Entwicklungen, die den Verlust der wahren Form des Discus führen wird. Auf dem aktuellen Stand zum Zeitpunkt der Veröffentlichung im Jahr 1988 gibt es Generationen bis zu belasten 7.

Dieser Fisch hat fast keine andere Färbung tan Türkis. Es sollte fast durchgefärbt abgesehen von der vorderen Rückenflosse und Rückenflosse und ein paar Mark von braun oder beige Färbung auf der Schwanzflosse sein.

TÜRKIS Heckel-Diskus

Dieser Stamm Zeit arbeite ich auf, die zum Zeitpunkt der Veröffentlichung dieser von den Diskus Buch 1988 Ich fühle die Heckel, ist die oder eine der attraktivsten aller Diskusfische, die die Eigenschaften des Heckel-Diskus Form und die offensichtlich drei vertikalen Balken mit einem schönen Vermischung Reihe von Querlinien von türkis und Grün in der gesamten größeren Teil des Körpers. Durch Kreuzung der Heckel mit ähnlichen Querstreifung und die Heckel mit guter Färbung von Blau und Türkis in den Querlinien und einer nahezu festen Türkis Diskus, aufgrund der natürlichen Dominanz der Heckel belasten könnte man fast in der Tat erreichen eine solide suchen Heckel, aber mit den drei vertikalen Balken. Es gibt eine gute Möglichkeit, dass unter diesen Umständen die intensive Färbung der roten im Auge verbleiben und auch nicht zum Erreichen der intensiven Körperfarbe verloren.

Ein Wort der Vorsicht: Versuche haben gezeigt, dass die Heckel-Antikörper sind manchmal ganz anders als die von anderen farbigen Stämme, daher sollte man große Vorsicht, beobachten die Fische für eine Anzahl von Tagen für den Fall, nehmen Sie einen von ihnen erliegt einer Infektion, die ruht und keine Bedrohung für die Heckel, aber die anderen Sorten wirkt wie die türkis Diskus. Erhöhen der Temperatur in der Regel zwei bis vier Grad in der Regel heilen diese; jedoch 48 Stunden eine wichtige Zeit. Bei Anzeichen von Stress oder Unbehagen, Wasserwechsel und versuchen zu vermeiden Chemikalien. Die Injektion von frisch gechlortem Leitungswasser als Teil der Hälfte Wasserwechsel von einem Tank wird hoffentlich einen Virus zu heilen. Die häufigste Todesursache für die meisten Fische aus Infektion und Stress sind die Chemikalien verabreicht, versuchen zu allen Zeiten zu vermeiden.

KAPITEL SIEBEN

Die Licht-und Strombedarf

Diskus Beleuchtung

Es gibt zahlreiche Arten von Beleuchtungs heute verfügbar ist. Je nach Ihren Anforderungen, ob für ein einsames Aquarium oder einem bepflanzten Aquarium, haben Sie eine Reihe von Möglichkeiten für diese Bedürfnisse.

Mit der richtigen Beleuchtung zu einem Aquarium können die Effekte und Farben atemberaubend sein. Foto mit freundlicher Genehmigung: Andrey Armee Gouverneur (www.123rf.com)

Wenn wir an einem Fischhaus suchen, ist es allgemein bekannt, dass Sie vor allem benötigen Rohr Beleuchtung in der gesamten Fischhaus und wachsen Lux Beleuchtung über den Aquarien. Die Überlegung dahinter ist, dass der Diskus, wie die meisten Lebewesen, sind von Natur aus neugierig, und die Aktivität in der Fischhaus ist manchmal für sie von Interesse. Der andere Weg, dies zu betrachten ist, zu erkennen, dass wir wenig Freude unter Kunstlicht für die meisten unserer Leben zu finden; das Wachsen Lux über den Aquarien von Vorteil herausbringen natürlichen

Farben der Fische und das Lichtband in der Fisch Haus wird Tageslicht, die Fische nicht genießen zu ersetzen. Es ist auch wichtig, sich daran zu erinnern, durch eine gut zu leichten Fischhaus die Fische können den Torwart zu sehen und nicht durch eine plötzliche Gesicht oder Aussehen, die Stress verursachen würde erschreckt werden.

Mit bepflanzten Aquarien Sie durch die Einführung einer Quecksilberdampf-Beleuchtungssystem, die das Sonnenlicht auf Pflanzen geben wird, wodurch eine sehr natürliche Umgebung nichts falsch machen kann. Dies wird insbesondere durch Wildarten in Ihrer Sammlung geschätzt und in dieser Umgebung in der Sie die Erhöhung der Chancen der Laich. Für einen nackten Hintern Aquarium in der Wohnung schlage ich vor, ein Wachsen Lux Einheit, wieder mit dem Aquarium in einem hellen Raum oder Teil des Hauses, die viel natürliches Sonnenlicht erhält positioniert.

Mit der richtigen Beleuchtung bringt es jedes Aquarium, das Leben und vor allem mit atemberaubenden Discus Shoaling. Foto mit freundlicher Genehmigung: Andrey Ermakov, Hamsterman,

Ein wichtiges Element, das eine Rolle für alle Arten von Lichteinheit oder Einheiten hat, ist ein automatischer Timer zum Einschalten und Ausschalten der Aquarienbeleuchtung . Sie werden feststellen, dass die Fische wachsen schnell daran gewöhnt, die Zeit, als die Aquarium Licht geht an und aus. Die Fische sind in der Lage, sich vorzubereiten, um für die Nacht niederzulassen und bereit sein, für den Morgen. Diese Geräte sind in der Regel rund $ 30,00 zum Zeitpunkt der Veröffentlichung dieses Buches. Ein Timer ist ein Muss für Diskusliebhaber Aquarium. Eine zusätzliche Freude, wenn Sie diese Einheiten zu einem bepflanzten Aquarium mit Quecksilberdampf oder Halogenlampen verwenden, ist, dass Sie einen Sonnenaufgang im Aquarium bekommen, wie die Zwiebeln erwärmen.

DISCUS HEIZUNG

Auch hier gibt es eine Reihe von Systemen auf dem Markt, aber für die Zucht der Aquarien Regelheizer ist eine geeignete Methode, da es leicht gereinigt werden. Es fungiert auch als eine Einheit und nimmt nicht den Wasserraum, dass Diskus Notwendigkeit.

Für bepflanzte Becken gibt es eine Reihe von alternativen Methoden zur Erwärmung des Aquariums. Allerdings ist es am vorteilhaftesten und praktische entweder unter Kies Heizelemente oder den neuen Flachheizung Blätter, die mit einem bemerkenswerten Garantie von zehn Jahren erworben werden kann verrohrt zu bedienen. Der Klang Überlegung dahinter ist, dass eine Heizung oder Heizung Thermostat ist nicht sehr gut getarnt in einem Aquarium, und auch nicht, um die Wurzeln der Pflanzen, ein wichtiger Faktor in der Bewegung und Kreislauf unter dem Kies erhitzen, sinkende unerwünschte Verschmutzung durch organische und bakteriellen Abbau.

Durch Erhitzen der Wurzeln auch, wird es mehr Wachstum von natürlichen Pflanzen wie der Amazonas Schwertpflanze, die ich das Vergnügen, Blume auf der Spitze von meinem Aquarium mit Kies unter geleitet Heizung und Quecksilberdampf-Beleuchtung zu sehen in der Vergangenheit zu fördern.

KAPITEL ACHT

Sammeln und den Kauf der richtigen Diskusfische

Kauf der Anfangsbestand kann manchmal bringen Belohnung und Freude, oder es kann in einer Katastrophe und dem Gedanken, nur halten eine Gemeinschaft Aquarium führen.

Die beste Empfehlung, beim Kauf Diskus ist es, Jugendliche zu kaufen, so dass sie zusammen aufwachsen und gut akklimatisieren und Bindung mit Ihnen als Pflegeeltern. Foto mit freundlicher Genehmigung: Bonsai Emmanuelle, Maurizio Biso, Ljupco Smokovski. (www.123rf.com)

Die einzige Schlussfolgerung für diejenigen, die die Enttäuschungen erlebt haben ist, dass Ausdauer lohnt sich: denn am Ende des Tages müssen Sie aus diesen Erfahrungen zu lernen und kostspielige schnell für einen guten Kauf erwerben Sie ein Auge.

Die Möchtegern-Käufer finden ihn oder sie selbst machen, was scheint eine endlose Zeit der fort Reisen zu verschiedenen Geschäften oder Züchter, nur um von schlechter Service, mangelnde Kenntnisse über die Einzelhändler Teil oder schlechte Lager enttäuscht sein.

Es gibt viele Züchter mit schönen Lager und manchmal sind diese Züchter Überschuss Fische, die sie bieten, um Einzelhändler in alberner Preise, nur um zu erfahren sie nicht verlangen, oder der Preis ist noch zu hoch. Leider kommt es vor, dass allzu oft einige Einzelhändler wollen etwas für nichts. Erst vor kurzem und zum Zeitpunkt der Veröffentlichung in Buchform 1988 Mein Freund hatte mehr als 180 Brilliant Türkis Diskus 5 Monate alt, zu verkaufen. Der Einzelhändler besuchte er bot nur maximal von £ 5,00 pro Fisch. So ist es nicht schwer zu sehen, warum wir zu dem, was ist in den meisten Geschäften beschränkt und Sie können die bunter Stämme nicht sehen. Der allgemeine Trend scheint zu sein, dass Sie rufen auf, oder stellen Sie eine Anfrage über den Kauf Discus und fragen Sie den Händler, was er zur Verfügung hat, am Ende mit einer langen Liste von Fisch, den er auf Lager hat, nur zu reisen und finden Sie ein Dutzend oder so schlecht Entschuldigungen für Diskusaquarien rund verstreut.

Wenn Sie sich entscheiden, dass Sie gerne eine Sammlung von wilden Discus und Sie haben ein gutes Verhältnis zu Ihrem Händler zu haben, lohnt es sich, den Kauf einer Sendung von Discs direkt aus Südamerika, die Ihr Händler für Sie sammeln können, um direkt in das Aquarium haben Sie übertragen Einrichtung für sie. Dies verhindert unnötige Bewegungs für die Fische - ein wichtiger Faktor, wie auch mit modernen Transport, ist der Schock-Faktor auf das System für diese Fische oft irreparable und sie können auch nach ein paar Tagen, Wochen oder Monaten zu sterben. Es ist manchmal möglich, einzelne wild gefangenen Fisch zu kaufen, aber dringend empfohlen, wenn Sie in England irgendwo wie der Highgate Aquarianer in London, wo Eberhard Schulze ist spezialisiert im Diskus reisen, und wo die Fische sind immer von bester Qualität. Der Highgate Aquarianer ist eine lohnende Reise, wenn Sie lieber ein paar kleine Exemplare, die Sie möchten, wachsen auf zu sammeln.

Eine weitere empfohlene Weg, um Diskus kaufen ist durch die britische Discus Association. Die Mitgliedschaft ist durch den Clubsekretär, Lenn Dann in Cheshire zum Zeitpunkt der Veröffentlichung zur Verfügung. Die Dinge, auf die beim

Kauf sehen sind schwer-Set Fisch, mit natürlichen Form und Färbung, eine, nähern Sie, wenn Sie in der Nähe der Tank wie die Fische denkt, er kann eine kostenlose Mahlzeit zu bekommen. Einige kleine Proben können bereits etwas Farbe, aber vorsichtig sein, sie sind nicht von einem anrüchigen asiatischen Händler. Es gibt einige schöne Fische, die in Asien gezüchtet, aber es ist ein Problem, dass sehr viele, wenn nicht alle von ihnen sind auf Lebendfutter, besonders in Tubifex, wie die Krankheit Faktor in Tubifex ist beträchtlich.

Die ideale Größe der Fische zu kaufen, sind wirklich junge Diskus rund 8 Monate alt, wenn sie ihre wahre Färbung gewonnen und beginnen, ihre wahre Natur zu zeigen. Sie sind das Warten lohnt sich in diesem Alter, wenn Sie einen Kontakt zu erwerben.

Der andere wichtige Punkt zu erwähnen ist, dass mit kleineren Fischen ist es sehr schwierig, eine wahre Idee von ihrem Alter, und Sie können in der Tat am Ende mit den Überresten eines schlechtes Los, die nicht gewachsen sind. Normalerweise sollten die Augen nur ein Siebtel der vertikalen Höhe des Kopfes an diesem Punkt sein. Allerdings haben einige Stämme größere Augen, vor allem die mehr Inzuchtstämme, wie ein großes Auge kann eine der Anforderungen der Züchter gewesen.

Sie benötigen, vorzugsweise mindestens 10 bis 20 junge, die Vermeidung von Inzucht sollte aus zwei verschiedenen Rassen oder 10 oder so Erwachsenen, die in einem Hebebehälter von etwa 100 Gallonen (440 Liter) sein sollte. Wie Sie diese Fische in das Aquarium vorstellen können Sie sie für die Einstellung auch zu überwachen, ohne dass sie von einem Quarantänebecken zu transportieren, da alle solche Bewegungen verzögern den Fortschritt und die Entwicklung des Fisches.

KAPITEL NEUN

Die richtige
Wasserbedingungen und
Techniken

Einer der Schwerpunkte für das Überleben, und die halbe Miete bei der Entwicklung und dem Laichen dieser Fische, das Essen und das andere wesentliche ist sicherlich Wasser, das Leben.

Mit den besten akklimatisiert Wasserbedingungen, eine gute Ernährung und eine regelmäßige Routine sind drei der wichtigsten Zutaten für eine erfolgreiche Diskusfische Zucht. Foto mit freundlicher Genehmigung: Bonsai Emmanuelle, Maurizio Biso, Andrey Armee Gouverneur (www.123rf.com)

In diesem Kapitel diskutieren wir die Anforderungen für die Diskus. Manchmal, wenn Sie Bücher über das Thema gelesen Sie neigen dazu, gegensätzliche Ansichten zu finden. Offensichtlich hat jeder seine eigenen Methoden und erwirbt eigene Meinung von der Härte des Wassers erforderlich. Dies ist verständlich, da die Fische in Kontrast Bedingungen laichen. Zum Beispiel, wenn Sie Diskusfische in einem sehr harten Wasser aufgezogen und es geschafft, dies zu überleben und haben sich zu es durch das Erwachsenenleben gewöhnt auch, wissen sie nicht, und noch nie erlebt jeder andere.

, Wenn wir die Zucht von Symphysodon meistern wollen, müssen wir uns jedoch eine wirkliche Ziel gesetzt, zu Umfang, in der Lage zu sagen: "Jeder Fisch, den ich in einem guten Zustand zu erwerben ich paaren kann." Das wird dann ein ganz neues Ballspiel.

Von der Geburt eines Discus Erwachsene Leben gibt es eine Reihe von verschiedenen Wasserwerte, die angewendet werden, um Ihr Ziel in der Zucht Discus erreichen werden. Ihre Herausforderung beginnt, sobald Sie Ihre kleinen Fische, die Sie wiedergeben möchten zu erwerben. Aus dieser Zeit bis zum Jugendstadium Sie eine Wasserqualität, die für grenzenlose Wasserwechsel leicht zugänglich ist, so dass alle Fische tun müssen, ist schwimmen und essen und zu wachsen, um ihre maximale Größe, all diese Faktoren entscheiden, ob Sie Ihre Zeit verschwendet haben oder nicht brauchen . Wenn sie erwachsene Größe erreichen Sie zehn erfordern eine Wasserqualität, wo sie sich nur für das Essen sind immer noch, bis sie im Alter von etwa 2 Jahren sind.

Sie sollten dann Fische, die ihre Farbe und einen Großteil ihrer Wachstums voll entwickelt haben, und dass sie groß und stark genug für die Durchführung einer vollen Zyklus der Laich und erfolgreich Anhebung ihrer jungen mit ihren Partner als junge Eltern sind. Einige der erfolgreichsten Züchter nach Zeit trennen ihre Männer und Frauen, positionieren Sie sie in entgegengesetzte Aquarien und füttern sie nur für so lange, vier Jahren in einigen Fällen. Sie werden wissen, wenn die Fische sind bereit, einfach durch einen Blick auf sie zu laichen. Sie scheinen eine ernsthafte Aussehen und Bewusstsein haben.

Das Geheimnis zum Leben und Discus ist Wasser: Foto mit freundlicher Genehmigung Nitr (www.123rf.com)

Ich habe oft über Nitrit und Nitrat und Ammoniak Aufbau zu lesen, mit Warnungen dieser als einer der Gründe, Haupt- oder Hauptgrund, warum Diskus nicht züchten. Richtig, sie sind wichtige Faktoren, aber wenn jemand ernsthaft will Diskus züchten sie nie erleben eine dieser grundlegenden Probleme. Die meisten dieser Probleme ergeben sich aus über Fütterung und, um es grob zu sagen, die Verschmutzung der Aquarien durch die Aufrechterhaltung der Discus nicht Tank zu den notwendigen Anforderungen. Das ist, warum wir betonen das Erfordernis einer nackten Hintern Aquarium, für alles, was Sie in den Tank legen das Wasser verschmutzen - dazu gehört auch die Fische.

Also, um Ihre Chancen auf Erfolg erhöhen, haben wir alle möglichen Maßnahmen, um die Verschmutzung auf ein Minimum und kontrollierbare reduzieren. Ohne auf Hunderte von Theorien, die Lesestunden zu nehmen, ist das Geheimnis und die Feinheiten der Zucht Discus, nur um ständig von Wasser und Essen zu denken. Die Überlegung dahinter ergeben. Der andere Grund, warum ich das Gefühl, gehalten, diese wertvollen Informationen zu schreiben, ist, dass ich das Gefühl, die Briten einige der besten Züchter in der Welt der Diskus, aber noch wichtiger ist mir ich lieb lieben diese Fische und ich fühle mich gibt es viele weitere Ziele voraus, um erstellen, auch weitere Belastungen von diesem schönen Fisch.

In den frühen 1970er Jahren ein sehr alter Freund von mir, inzwischen verstorbenen, stellte mich Discus durch seine Sammlung, und die Lektion, die ich von ihm gelernt habe, ist heute von großer Relevanz. Er war ein sehr erfolgreicher Züchter mit Kardinälen und NeonTetras; er war auch einer der ersten Menschen, die jemals laichen Heckel, und das ich sah einen heißen Abend in seinem alten Fischhaus in seinem Garten auf einem Sommerabend, die ich nie vergessen werde. Wie ich in insgesamt ungläubig stand ich fragte die alte Schlingel, wie er es getan hatte. Er antwortete: "Sie kennen mich, und ich bin gewachsen, sie zu lieben, und der Grund, sie tun das für mich ist, weil ich nicht machte es kompliziert für sie." Es ist eine seltsame Wendung hier, weil wenn man sich all die vielen Systeme und verschiedene Produkte heute, und dann an der Art und Weise, empfehlen wir als den besten Weg, um Diskus laichen vor Recht 20 Jahre aussehen, ironisch der alte Teufel hatte es.

Das Geheimnis zum Leben und Discus ist Wasser: Foto mit freundlicher Genehmigung von Sophie Traen (www.123rf.com).

In diesen Tagen nutzte er Kitt Art Winkeleisen Aquarien. Die Größe er verwendet wurde, war ca. 4 Meter in der Länge. Er verwendet keine Filtration abgesehen von Wasserwechsel und Luftsteine, die alte Holztyp auf Bakelit

Luftpumpen, die eine unglaubliche Menge wiegen verwendet. Sie konnte seine Zuchtbecken kaum zu sehen, wie die Glaswände der Aquarien wurden in Algen bedeckt. Das Fischhaus, wie viele in diesen Tagen, war mit Ölöfen beheizt. Er verwendet Heizungen und Außenthermostate, und die einzige Substrat in diesen Aquarien war entweder ein Blumentopf oder ein Stück der alten Dach Schiefer. Er hatte nur zwei von diesen Aquarien mit Heckel-Diskus in, und sie untergebracht nur vier in jedem. Immer nach unten auf die Wasserqualität, verwendet er und alten Whisky noch regen und Wasser, um den gewünschten pH-Wert zu erhalten., Und, noch wichtiger, seine Gesamthärte mit gelösten Feststoffen. Er auch verwendet, um sein Wasser bereiten mit gekocht Torfmoos. Er hervorgebracht Kardinäle in einem Ph. So niedrig wie 5,5 und einer Härte von 2Dh. Die Heckel wurden etwa gleich gehalten.

Die Diät für seine Fisch war sehr abwechslungsreich und kamen vor allem aus dem Garten, wie Garten Würmer, weiße Würmer, Brandling, Mückenlarven. Als seine Fische waren in der Nähe der Laich er geben würde Wasser wechselt jeden Tag und machen Fütterung sehr regelmäßig und nie über-Feed. Er pflegte zu stehen und seine Fische zu füttern, wie sie aßen und sehr selten haben sie keine zu verlassen. Wenn ein Lebensmittel wurde noch, er würde es sofort zu entfernen.

Indem Sie die richtige Ausrüstung Sie erreichen können, Ihr Ziel - Autoren deutschen Härteprüfung Kit 1988: Foto mit freundlicher Genehmigung von Derek Treacher.

Der Punkt, der oben Geschichte ist, dass es sehr viele mechanische Systeme und Ideen, die ich diskutiert, um in der Haltung von Diskus zu unterstützen und ermöglicht dem kleinen Element der Fehler, die man erleben. Aber wenn wir sprechen von dort Zucht dieser Fische wirklich keine Zulagen für Fehler. Es ist nur eine Frage der Ernährung, die richtige Wasser im Aquarium, und irgendwo für sie, um zu laichen. Regelmäßige Wasserwechsel nicht stören Diskus, bieten aber eine positive Impulse.

Das einzige Mal, Fische werden beunruhigt ist, wenn man nicht konsequent und nicht in einer Routine sind: sie müssen Konsistenz in ihrem Leben haben. Sie wollen Wasser und Nahrung, eine Routine werden sie vertraut sind. Sie sind sicherlich nicht dumm, und sie Routinen zu begreifen. Aber sie sind nicht fehlerhaftes Verhalten in Bezug auf Wasserwechsel und Fütterung akzeptieren. Sie verstehen Sie so wenig wie Sie sie verstehen, also wer derjenige sein, zu ändern, der Fisch oder Sie? Es ist ein

99

interessanter Gedanke von Ihnen und Ihren Fisch, einer Sprache der Routine und Konsistenz der Kommunikation in einer Sprache der Verständigung geschaffen.

Nun zur Wasserqualität, junge Diskus erfordert eine Wasser Ph. Rund 7.2Ph, Dies ist nicht zu weich und mit einer Gesamthärte von 350 bis 400 eine passive Wasserqualität, die den Fisch zu ermutigen, essen und ein Wert, der sein kann, leicht zu pflegen für die meisten Leitungswasser in Großbritannien ist rund um diese Region.

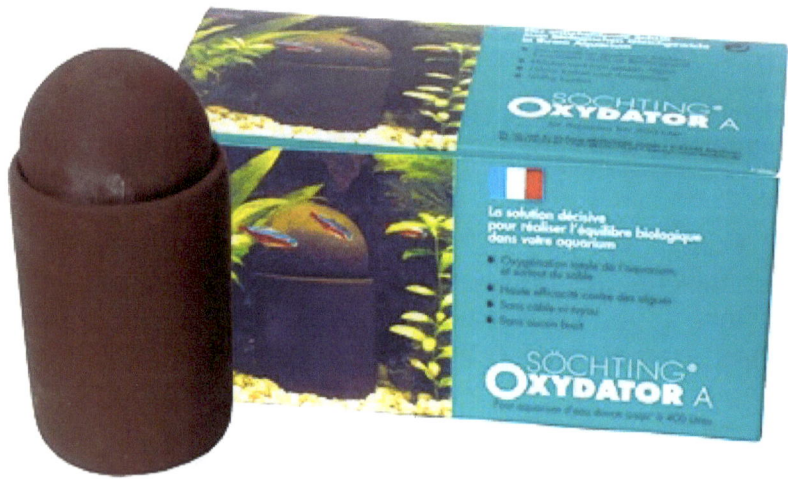

Durch die Verwendung eines Oxydator Sie Assist The Young and Water: Foto mit freundlicher Genehmigung von Derek Treacher.

Die Wasserwechsel in Bezug auf die Jungfische müssen kleine sein, nur das Entfernen der Exkremente aus dem Boden des Aquariums und der noch verbleibende überschüssige Lebensmittel. Dies sollte in der Nacht durchgeführt etwa eine halbe Stunde, bevor die Lichter ausgehen Aquarium und jeden Tag werden. Auch am Morgen wieder einen kleinen Wasserwechsel und sammeln Sie alle Futterreste und Kot gefunden.

Das wahre Geheimnis, um erfolgreich die Zucht Diskus zur Wasserqualität ist, um schließlich zu akklimatisieren Ihre Fische auf den lokalen regionalen Wasser aus dem Wasserhahn, da dies dann haben Sie eine unbegrenzte Versorgung.

Es gibt einige Techniken, über die Änderung der Wasserverhältnisse, die einige Züchter verwenden und diese Punkte werde ich in den folgenden Absätzen zu decken.

Wasser Laich wird vorgeschlagen, um 7.0Ph sein und eine PPM von 300. Bereiten Sie einige sehr saures Wasser mit einem pH. So niedrig wie 6,5 bis gleichzeitig 6.8Ph eine Härte von etwa 300. Dann geben Sie Ihrem Aquarium eine wirklich gute, saubere wo das Zuchtpaar sind und machen einen Wasserwechsel 20%, jeden zweiten Tag, langsam, um das Wasser bis zu einem pH-Wert um 6.8Ph und einer Gesamthärte von ca. 350 bis 400 Sobald dies. wird die Temperatur schrittweise auf rund erreicht Tropfen 80 Grad und das Wasser nicht jetzt für eine Woche ändern. Denken Sie daran, nicht zu Futter zu jeder Zeit über die Wasserqualität wird zerstört. Nach einer Woche machen einen Wasserwechsel von ca. 50%, erhöhen die Temperatur auf 82 Grad, Gesamthärte von 180 und einem Ph. 7,2. Führen Sie diese Aktivität um die Mittagszeit und nicht füttern. Am Abend sollten Sie einen Laich in den Abend zu bekommen. Über den Zeitraum dieser Woche ohne Wasserwechsel, variieren die Diät in der Weise, dass die schmutzigsten von Lebensmitteln Sie ernähren reduziert oder am Ende der Woche zugeführt, und der Reiniger das Essen zu Beginn der Woche, als alle Nahrungspartikel beeinflussen das Ergebnis. UMWELTVERSCHMUTZUNG!

Um das Wasser zu mildern ich empfehlen, mit warmen irischen Shamrock Peat, aber stellen Sie sicher, dass der

Torf Sie kaufen, ist echt Kleeblatt mit dem Kleeblatt-Logo auf der Tasche.

Guten irischen Torf Hilft Breed viele schwierige Spezies: Foto mit freundlicher Genehmigung von Derek Treacher.

Mit Bezug auf die Gesamthärte des Wassers und der Salz Entmineralisierung Gehalt des Wassers, empfehle ich den Kauf eines Ionenaustauscher. Vermeiden Sie die Verwendung Puffer zu erweichen Ihre Wasser als das lässt Salze und andere Ablagerungen im Aquarium, die die Gesamthärte beeinflussen.

Sie könnte daher sein Besiegen Sie Ihre Versuche, eine ideale, indem Sie versuchen, um andere zu erreichen zu erreichen. Aber nicht entmutigen. Wasser als alles andere ist das Geheimnis und gewöhnen Sie Ihre Fische zu lokalen Wasser ist der Schlüssel. Zehn Sie Süßwasser auf Hahn auf Nachfrage für Ihr Diskus-Familie!

Gesamthärte CHART

Deutsch Härtegrade können entweder als PPM von CaCO3 oder als Härtegraden 1dh = 17.80 PPM CaCo3 ausgedrückt werden.

PPM CaCo3	DH	Conditioning
20	1.12	Weich
40	2.25	
60	3.37	
80	4.49	Mäßig Weiche
100	5.61	
140	7.87	Ideal
180	10.11	
220	12.36	Hart
260	14.61	
300	16.85	Sehr Schwer

KAPITEL ZHEN

Das Laichen der Symphysodon

Die Harte Arbeit BEGINNT

Um die Diskusfische züchten wir müssen die richtigen Werkzeuge. Wir sollten mit zwischen 10 und 20 ausgewachsene Fische zu starten, entweder Proben, die über eine Reihe von Jahren oder Proben als Erwachsene von einer bekannten Quelle, wo es keine Gefahr der Begegnung mit armen Lager gekauft gewachsen. Wenn die Fische in einem großen Aquarium von etwa 100 Gallonen, wie ich empfehlen, sollten nun Fisch Paarung aus. Um festzustellen, ob bestimmte Paare kompatibel sind oder nicht, wird viele Stunden Studium Bewegung und Verhalten der Fische erfordern.

Ein Brutpaar von Discus mit jungen von 10 Tagen: Foto mit freundlicher Genehmigung von Matthew Jones.
(www.123rf.com)

Wenn wir für unsere Fische, natürlich in dieser Weise paaren vorbereitet, sie werden in der Regel, um das Laichen früher kommen als ein Paar von Fischen zusammen absichtlich für Linienzucht untergebracht, die Zeit brauchen, um zueinander zu gewöhnen wird. Manchmal ein Paar erscheinen nicht kompatibel. Es gibt jedoch Möglichkeiten, davon zu überzeugen, diese Fische zu züchten, und es lohnt sich anhaltend mit einem bestimmten Paar, das erwartet wird, eine Brut von außergewöhnlicher Form und Färbung zu produzieren, wenn wir das Gefühl, dass die Stärke des Stammes.

Die Größe der Zuchtbecken, benötigen wir in der Regel halten zwischen 20 und 30 Gallonen. Diese Aquarien sind groß genug für ein Paar der Fische, und so viele wie fünf, wenn Sie noch unsicher über die Kompatibilität bestimmter Fische sind, aber in der Regel empfehle ich, dass Sie sie in ihrer Haupt Aquarium zu verlassen, bis Sie sicher sind. Aquarien der empfohlenen Größe sind am einfachsten und sauber zu bedienen, der Hauptfaktor bei der Beschaffung der besten Ergebnisse, aber mehr natürlich, wenn die Bedingungen nicht geeignet sind die Fische mehr darauf bedacht, auf das Überleben als auf die Fortpflanzung sein.

Autors Zuchtpaar von Red Stripped Turquoise Discus mit einem

inversen Blumentopf: Foto mit freundlicher Genehmigung von Derek Treacher.

Das Aquarium für die Zucht braucht nur mit einer Heizung Thermostat und einem Oxydator oder Blumentopf und Luftsteine, oder ein Filter aus einem Blumentopf oder Schwamm mit einem Luftheberohr ausgestattet werden, wie oben auf dem Foto. Alternativ können Sie den Blumentopf zu invertieren und befestigen einen Schwamm darunter. Ein Wort der Warnung an dieser Methode: es neigt dazu, alle die Trümmer in den Schwamm unter dem Blumentopf zu ziehen, und die Luftbrücke zieht dieses Wasser auf und recycelt die Trümmer-und Giftstoffe ins Wasser, wenn unter dem Topf wird nicht überprüft oder gereinigt gelegentlich und so auch die Fische zu verwenden, um diese Bewegung und als Ergebnis der Routine nicht betont zu werden. , Die in der Fotografie gezeigten Verfahren vermeidet jedoch das Problem, wie die einzigen Teilchen, die eingefangen sind in der Regel solche, die individuell aufgehängt sind. Das Wasser wird dadurch maximale Filtration und Prävention der Eier immer Pilz gelöscht. Der andere entscheidende Punkt ist, dass diese Partikel werden in der Regel trägt keine festen Teilchen, die durch das System auf diese Weise, das Wasser verschmutzen gezogen werden können.

Ein weiterer nützlicher Tipp mit Verweis auf das Aufzuchtbecken und dem größeren Formaten Anhebung Aquarium, in dem Ihr Hauptfischbestand zu leben, ist es, von Anfang an zu gewährleisten, dass die Rücken, Seiten und Unterseiten des Aquariums, sind abgedeckt oder in der gleichen Farbe lackiert . Ich habe durch das Experiment, dass die Verwendung einer Vielzahl von Farben verursacht Stress für die Fische gefunden. Sie haben auf jeden Fall gefunden eine braune Terrakottafarbe attraktiver zu ihnen und entspannender als härtere Farben, wie schwarz zu sein. Allerdings, wenn Sie Paare als Erwachsene zu kaufen ist es ratsam, eine mentale Notiz von dem Hintergrund, Seiten-und Bodenfärbung des Aquariums, auf die sie bereits gewöhnt sind, zu machen.

Wechsel in den empfohlenen Farb sollte schrittweise. Es lohnt sich, den Kauf oder machen einige Karten in der Rückseite des Aquariums von außen in der Nacht zu gleiten, um die Fische mit der neuen Farbe in einfachen Stufen vertraut zu machen. Wenn auf die Farbe, die durch die Zeit, die sie an den ständigen Aquarium übertragen gewohnt alles hilft bei der Linderung von Stress und Angst um die Fische. Wenn Sie diese Übung machen, während Sie neue Fische sind in einem Quarantänebecken werden sie in der Regel daran gewöhnt, die Farbe, die durch die Zeit, die sie an den ständigen Aquarium übertragen.

Die Zeichen, die Fische fangen an, paaren sind manchmal gewalttätig und zu anderen Zeiten unmerklich. Denken Sie daran, dass Diskusfische sind eine räuberische Buntbarsch. Normalerweise, wenn die Jungfische beginnen zu reifen, beginnen sie, einige der Bewegungen der Balz gehen und üben ihre Dominanz zu den anderen Fischen im Aquarium. Dieses Verhalten beginnt in der Regel bei 9 und 18 Monate alt sind, je nach Größe und Gesundheit der Fische, auch in Abhängigkeit von der Belastung der Arten: Tank gezüchteter Fisch normalerweise früher reifen als Wildfische wie Heckel. Es werden bestimmte Wochen, wenn einige Fische haben ein hohes Ranking Position durch die Kämpfe etabliert und andere sind mit jeder Fisch in Sicht kämpfen. In diesem Stadium die natürlichen Instinkte der wilden Start im Spiel für die Geschlechtsbestimmung und Paarung Rituale gesetzt, um festzustellen, die an der Spitze der Hackordnung ist, nach unten durch, um die Fische an der Unterseite.

An diesem Punkt bei der Reinigung eine Anhebung Tank versuchen Sie nicht, eines der Objekte im Aquarium neu zu positionieren, da dies eingestellt steigen, um erneuten Kämpfe wieder herzustellen Gebiete und die Hackordnung. Auch für die Fische die meisten Strafe als Empfangs; in vielen Fällen sind diese Fische am unteren Ende der Leiter der buntesten und einige der besten Eltern für die Zucht. In freier Wildbahn sie als Köder für Raubtiere zu dienen und ihre Färbung zieht anzugreifen Fische. Solche Fische können leiden, wie alle die genetische Kraft in den Körper gegangen Färbung und ihre Verfassung ist, dass sehr viel schwächer, da dieses Naturphänomen (Morphologie).

Nach ein paar Wochen der Kämpfe im Aquarium wird nachlassen, wie die Hackordnung wird schließlich etabliert. In den kommenden Wochen später können Sie beginnen, um Zeichen sehen, dass Paare sind im Aufbau. Dies gilt in der Regel nicht passieren, aber bis eine Anzahl von Monaten vergangen sind, wenn die Fische haben mehr gereift und gewann weiter an Körpergewicht, und ein Unterschied in der Größe zwischen Individuen ist sehr auffällig.

Die Paarung nach Alter erfolgt in der Regel, das älteste männliche mit der ältesten Frau, wenn sie miteinander kompatibel sind. Wenn Sie von einer Brut, die alle im gleichen Alter, und weitere 6 oder so im gleichen Alter aus einer anderen Gruppe haben ein halbes Dutzend Fische, ist es jedoch wahrscheinlich, dass Sie mehr kompatibel Paare zu gewinnen, weil es keine Reihenfolge des Dienstalters . Dies ist einer der Gründe, warum wild gefangenen Fische sind schwieriger zu züchten, wie Sie haben sehr wenig Informationen über ihr Alter. Normalerweise wird das erste Paar aus dem Rest stehen, wie sie behaupten, Rechte zu einem bestimmten Objekt als Laichplatz, eine unsichtbare Linie von Territorium. Die Fische dann starten, um diesen Bereich zu schützen, wie es typisch für die meisten Buntbarsche.

An dieser Stelle gibt es subtilere Aktionen, die in Bezug auf die Kommunikation von beiden Fische mit ihren Flossen. Nach dem Studium werden Sie konstant leichte Bewegungen des dorsalen, Becken, anal und

Schwanzflossen und eine Routine in der Weise, dass sie zusammen schwimmen bemerken. Da die Fische aneinander vorbei normalerweise Sie eine Verbeugung Bewegung von dem Paar zu bemerken. Sie werden auch feststellen, das Paar beginnt, sich ihren Laichplatz gewählt, vielleicht einen Blumentopf oder eine bewegliche Objekt, das nicht bekannt geben oder weder eine Verschmutzung in der Laich Tank zu befestigen. Der Fisch wird Essen zusammen mit einander mit einem kompatiblen Paar bei der Fütterung mal die stärkste des Paares werden die Lebensmittel an den anderen spucken zu essen, wenn sie in einem großen Schwarm sind, zu teilen und sehr oft.

Dies ist die Zeit, um ein kompatibles Paar zu einem Zuchtbecken vorstellen. Wasser sollte aus dem Haupt Aquarium Zuchtbehälter entfernt wird, damit das Wasser an dieser Stelle genau die gleiche sein, so wenig Spannung wie möglich verursachen. Jedoch in der Regel die Fische komfortabel fast sofort, wie Diskus, wenn sie erwachsen werden, lieber weg von der Schwarm sein. Es wird auch helfen, um die Zuchtbecken mit dem Objekt von der Haupt Aquarium, dass sie zu zu als Laichsubstrat angebracht erbringen. Die Fische werden in der Regel ihre Tätigkeit beginnen, wenn nicht sofort, dann innerhalb einer Woche nach dieser Veränderungen.

Denken Sie daran, machen alles vertraut wie möglich, auch die Fütterungszeiten, die die gleiche wie im Haupttank bis auf den letzten Detail der Temperatur und der Zeit sein sollte, wenn die Lichter ausgehen Aquarium. Dies ist einer der Gründe, weshalb ich empfehlen einen Zeitgeber, um das Beleuchtungssystem ausgestattet, damit es das gleiche für alle Aquarien ist, und die Fische nicht über eine Überlagerkörper der Leuchten ein-und ausschalten zu verschiedenen Zeiten des Tages und Nacht.

Schließlich die anderen Fische paaren, und in der Regel innerhalb einer Woche oder so, wenn die Fische sind alle in einem ähnlichen Alter, wird es ein anderes Paar sein. Versuchen, das Objekt von dem Haupttank bewegt wird, um die erste Zuchtpaar Tank mit etwas, entweder identisch oder ähnlich zu ersetzen, in der gleichen Position, von welcher der erste Gegenstand entfernt wurde. Dies ist ein weiterer Grund, warum ich empfehlen Blumentöpfe für diesen Zweck, da kann man in diesen Tagen kaufen hergestellten Steingut oder Ton-Töpfe, die in Größe, Färbung und Form identisch sind.

Die harte Arbeit beginnt mit dem ersten Zuchtpaar. Stellen Sie sicher, dass das Aquarium positioniert, wo andere Aquarien sind und die Fische sind nicht sichtbar, da dies sehr viel Ablenkung für das Paar sein. In Bezug auf den Rest des Haushalts, so weitermachen wie normal: Andernfalls, wenn Sie sperren Paare weg in einem Besenschrank, Gästezimmer oder irgendwo ähnlich, werden sie mit der Umgebung unglücklich und paranoid, wer und wann kommen können. Der andere wichtige Punkt ist, dass ihre Linie der Kommunikation mit Ihnen ist durch Routine. Wenn sie nur, Sie auf der Fütterungszeiten und für die Wasserwechsel zu gewöhnen, wenn etwas schief geht und Sie eine Heizer ersetzen oder etwas anderes einstellen, diese Änderung oder Routine und Vertrautheit die Fische stören müssen. Sie werden nicht zu regeln, und nur noch schlimmer über einen Zeitraum von Wochen.

Nachdem das Paar niedergelassen Sie werden sie feststellen, beginnen zu picken am Substrat und Fütterungszeiten werden sie abwechselnd zu füttern und um das Substrat (Blumentopf) zu schützen. Dies kann für einige Wochen fortsetzen. Allerdings, wenn sie kompatibel sind, werden Sie feststellen, dass sie Nahrung zu teilen und kein Streit zwischen den beiden passiert. Es wird aber sein, die gelegentliche Kantenschutz oder Hack von einem der Fische, die sich entschieden hat, der Aufseher in Aktivitäten zu folgen werden. Das ist normal. Es ist vielleicht nicht unbedingt die männlichen sein - es könnte gut sein, das

Weibchen - also nicht durch das, was Sie vorher gelesen haben, in die Irre geführt werden, da dies ein Fehler ist oft gemacht, und leider von einigen kommerziellen Züchtern verewigt.

Wie gesagt, kann das Paar das Verhalten für einige Wochen so weiter. Um zu versuchen, den Prozess zu beschleunigen beginnen, einige weichen VE-Wasser mit einem digitalen Lese von 300 und einem pH vorzubereiten. So niedrig wie 6,5. An dieser Stelle stellen Sie sicher, um eine Routine jeden zweiten Tag der Entnahme der ungeraden Eimer Wasser aus dem Zuchtbecken, die Reinigung der Boden des Aquariums und Absaugen über dem Schwamm Filterfläche, um alle großen Partikel zu entfernen etablieren. Ersetzen Sie dieses Wasser mit dem weicheren Wasser, langsam die Verringerung der Ph. Rund 6,8 mit einer Gesamthärte von ca. 300,-and-Drop die Temperatur von 86 auf 82 oder 80 Grad. Tun Sie dies nach und nach durch die ungeraden Eimer jeden zweiten Tag, wie schon erwähnt, nicht nur nicht zu gefährden die Gesundheit der Fische, sondern um sicherzustellen, dass ihre Brutverhalten nicht gestört wird. Sobald das Wasser in der gewünschten Lesen, tragen der Verfütterung als normal. Füttern nur etwa 3-mal täglich zur gleichen Zeit, um überschüssige Lebensmittel zu verhindern Verschmutzung des Wassers zu entfernen aus dem Tank mit einem Siphon in ein paar schnellen ein oder zwei Minuten, um das Paar am wenigsten stören. Sobald das Wasser ist weicher, darf dieses Wasser jetzt für eine Woche ändern: leichte Aufbau der Toxine, wie Ammoniak, Ammonium wird wegen der weicheren Wasserbedingungen überführt werden. Diese Phase ist von entscheidender Bedeutung, die Schwammfilter wird auch mehr arbeiten als eine bakterielle biologischen Filter und konvertieren mögliche Nitrite in Nitrate um und brechen diese Chemikalien nach unten.

Einmal in der Woche abgelaufen ist, einen 50% Wasserwechsel mit der Verwendung Ihrer normalen

Leitungswasser, die alle Ihre Fische haben sich daran gewöhnt, zu erwachsen und sollte im Durchschnitt zwischen 6,8 bis 7,0 Ph. Mit einer 50-prozentigen Wasserwechsel und eine gute schnelle Reinigung von die Aufzuchtbecken, ein Puffer mit dem Wasser stattfinden, was eine magische Lesung von rund 6,8 Ph. Wenn dieses Wasser gegen Mittag erreicht, sollten Sie einen Laich Ihrer erwachsenen Paar in den frühen Abendstunden von 05.00 sehen, in der Regel weiter nach bis zu gegen 10.00 Uhr Ortszeit.

Autors Zuchtpaar von Dr. Eduard Schmidt-Focke Brilliant Rot Türkis Dehnungs 7 Vorbereitung auf das Oxydator, die Freigabe wird reiner Sauerstoff laichen: Foto von Autor - Alastair R Agutter

Beide Fische sollte ausreichen, um zu entscheiden, um zu laichen stimuliert werden. Das Weibchen wird ein paar Probeläufe mit machen ein paar Eier in den Blumentopf oder ein anderes Substrat, die normal ist und wo das Männchen diese essen, wie sie in der falschen Position sind. Sie werden mit dem weiblichen starten über die Eier in Chargen wie Perlen, zwischen 10 und 30 zu einem Zeitpunkt auf oder an der Seite der Blumentopf oder das

Substrat, wo der Mann wird genau verfolgen, die Eier befruchten folgenden hinter sich. An dieser Stelle kann man deutlich das Geschlecht der Fische als stumpfe Legeröhre des Weibchens mit sichtbar sein festzustellen, und so werden die Männchen spitzer Orgel. Seien Sie vorsichtig, um sicherzustellen, dass diese beiden Fische sind männlich und weiblich, wie gelegentlich ein Fehler gemacht werden können und man konnte zwei Frauen zu haben. Wenn dies der Fall verlassen die beiden Frauen für ein paar Tage und zehn Einführung eines bekannten männlichen in die beiden Weibchen Zuchtbecken.

Wenn er größer als die Weibchen ist, wird er in der Regel zeigen, Dominanz und wählen Sie eine von ihnen aus für die Wiedergabe. Wenn alles klappt, um die nächste Laich planen sollten die Eier in zwei Stunden befruchtet sehen. Lassen Sie die Eier mit dem Fisch.

Die Wahrheit ist, dass oft, wenn der Fisch essen ihre Eier oder Brut sie können etwas, was wir nicht tun können oder doch über eine gewisse genetische Schwäche, oder Missbildung in der jungen erkennen wissen.

Ich traf dies mit einem Züchter, die einmal ein Paar von der Hauptschwarm, der 17-mal hervorgebracht, bevor sie einen vollen Zyklus ging nur bis 30 ungerade Jugendlichen, von denen 60% die Flosse und Knochenstrukturmissbildungen erzeugen verteilt.

**Autors Zuchtpaar von Brilliant Solide Türkis Dehnungs 7 Discus
erwachsenen Eltern Guarding Eier nach dem Laichen und dem
Bild auf der rechten, die einige der Jugendlichen nach 6 Wochen:
Foto von Autor genommen - Alastair R Agutter**

Der einzige Grund, warum die Fische durch ihre
Bruttätigkeit durchgeführt war, dass sie wohl glaubten, sie
waren das einzige Paar der übrigen Arten, wie andere
Fische war entfernt worden und waren nicht sichtbar zu
ihnen. Es dauert normalerweise 48 Stunden nach der
Befruchtung bis zum Schlüpfen. Die neu geschlüpften
Jungen erscheinen zappelnden Massen noch mit dem
Blumentopf befestigt ist; Die durchschnittliche Laich erzeugt
zwischen 90 und 250 klein, jedoch in Abhängigkeit von dem
Alter und der Größe der Elterntiere können Zahlen in dieser
Stufe viel höher sein.

Normalerweise gibt es einige Probleme, und die Elterntiere
zu sehen Entfernen der UN-befruchtet und Pilz Eier und
dann die Reinigung der Wigglern (BRJ) um rund rollen sie
in den Mund oder die Kommissionierung solche, die aus

dem Boden des Aquariums, wo sie sein können stieg und legte sie zurück in die Brutmasse . Sie in dieser Zeit Lebendfutter, wie manchmal das ermutigt die Eltern, auf die Randale und essen nicht nur die Live-Essen, aber die junge als auch füttern nicht. Pflegen Sie alle Ernährungsprogramme und Teilwasserwechsel als normal, aber dann an den wöchentlichen Wasserwechsel über zwei Eimer (je nach Größe des Aquariums) zurück, mit dem normalem Leitungswasser alle Ihre Zuchtfisch haben sich daran gewöhnt zu und verhindert die Schwankungen in der Temperatur, die tödlich für die junge sein könnte.

Zu dieser Zeit werden die Eltern in der Regel einen anderen Bereich der Reinigung und abwechselnd die Jungen zu füttern, wenn sie frei schwimmen (etwa 72 Stunden). Nach der siebten bis zehnten Tag, beginnen kleine Einführung Speisen wie frisch geschlüpfte Artemia in kleinen Mengen in der Nähe der Brut. Pflegen Sie den Tank, um eine optimale Wartung und seien Sie vorsichtig, dass Sie nicht wissen Siphon bis einer der Jungen.

Wir glauben, dass Diskus kann für die Zahl der jungen sie Konto: wenn die Eltern sind in Ei und wriggler Form Bewachung ihnen werden Sie sehen, wie sie langsam auf und ab bewegt den Ketten der Brut. Wenn Sie ein oder zwei Jugendliche Siphon durch Fehler, kann dies zu einer der Eltern führen, die andere für sie zu essen vermuten, und ein Kampf kann zwischen den beiden Erwachsenen zu brechen.

Sobald die Jugendlichen beginnen, auf Lebendfutter zu ernähren, ist eine der größeren Probleme, abgesehen von der Notwendigkeit, mehr Lebendfutter für die Brut eifrig zu produzieren. In den frühen Tagen der Eltern Mitteilung Milz durch die Pfoten des Körpers und in den frühen Stunden des Lebens die Brut ernähren sich von der übergeordneten Körper Milz und Gewebe produziert. Also für diesen frühen Tagen die Brut Leben abhängig sind daran, diese

116

lebenswichtigen Nährstoffe und Nahrungs Schleimhaut von der Mutter produziert. Es ist ähnlich wie in gewisser Weise auf den menschlichen Kreislauf, wo Neugeborene sind abhängig in den meisten Teilen der Welt mit Mutter Stillen.

Nach ein paar Tagen, wenn die Fische älter und selbstbewusster als freie Schwimmen sind, versuchen Sie, andere Lebensmittel mit dem Lebendfutter, wie Hummer Eiern und verflüssigt beefheart einzuführen, und nach zwei Wochen Anfangen, gehackte Rinderherz. Ein weiterer wichtiger Punkt in der Ernährung für Baby Diskusfische in diesen ersten entscheidenden Fütterungen können Mikrowürmer als Alternative zu Artemia sein, aber was auch immer sie es lieber bleiben. Wenn die jungen Menschen sind sehr zuversichtlich und frei schwimmen, in etwa sieben Tagen, füttern, so oft 7 bis 8 mal am Tag, so dass 2 bis 3 Stunden zwischen jeder Fütterung. Es ist harte Arbeit, und Sie können die ganze Nacht, aber es ist es wert.

Sie sind zu Hause in den Raum geraten, oder über dem Aquarium, eine kleine 15-Watt-rotes Licht, so können die Eltern die Brut in wriggler braten Stufe enthalten und sind in der Lage, um sich auszuruhen, während die Speisung der braten weiter. Nach 10 bis 14 Tagen können Sie auf die Ernährung gehackt einführen weiße Würmer sowie die Beibehaltung der Wasserwechsel und die Fütterung.

Sobald die kleinen Fische sind etwa 20 Tage alt, partitionieren sie weg von den Eltern. NICHT verschieben Sie sie von den Eltern im Aquarium. In den meisten Fällen werden die Eltern wieder zu laichen. Wenn sie dies tun, und Sie wegen einer großen ersten Laich wenig Platz sind, werden Sie feststellen, wenn die Eier wurden zum zweiten Mal festgelegt, werden die Eltern nicht auf die Entfernung von der ersten Partie der geschlüpften Jungen widersprechen.

Autors Juvenile brilliante Türkis Dehnungs 7 Discus nach 6 Wochen um 1-1 / 4 1-3 / 4 ": Foto von Autor genommen - Alastair R Agutter

Einer der Gründe für die Trennung der Jungen von den Eltern bei 20 Tagen ist, dass in diesem Stadium werden sie immer noch versuchen, aus der Eltern Körper Schleim, der alle lebenswichtigen Antikörper braten in diesen sehr früh an einem oder zwei Tagen benötigt enthält füttern Leben. Als die Jugendlichen wachsen, werden sie nicht an der Schleimhaut zu stoppen, aber die Haut der erwachsenen Eltern beschädigen und sogar essen die Flossen als gut, so dass die Erwachsenen in einem sehr schlechten gesundheitlichen Zustand, aus dem es kann viele Wochen dauern, wenn nicht Monate für sie zu gewinnen.

Wenn Sie bewegen den jungen aus dem Zuchtbecken zu tun, legen Sie sie in einem Aquarium, das von der gleichen Größe, die sie gewohnt sind. Übertragen einen Teil des

Wassers aus dem Tank der Eltern auf das neue Aquarium, wohin Sie gehen, um die neue Brut Haus und füllen Sie ihn mit frischem Wasser nach und nach über ein paar Tage. Dies wird keine dramatischen Änderungen in der chemischen Wasser oder Temperaturschwankungen, die die Jugendlichen schaden könnten, zu vermeiden.

Pflegen Sie Ihre Wasserwechsel und jetzt können Sie beginnen, um frisches Wasser wie erwähnt direkt aus dem Wasserhahn, dass alle Fische sind zu sehr daran gewöhnt hinzuzufügen. Wenn Sie immer noch füttern zwischen 6 bis 7 Mal am Tag und regelmäßig wechselnde kleine Menge von Wasser in der Früh und am Abend überschüssige Lebensmittel und Kot noch zu entfernen. Dann werden Sie sehr wenige Probleme haben und mit nur einem Luftstein und Schwammfilter der Fisch wird gut. Luftsteine sind gut für die Herstellung von mehr offensichtlich Sauerstoff an das Wasser, sondern auch die Fische leichte Bewegung zu akklimatisieren. Vermeiden Sie mechanische Filtration Geräte in dieser Zeit, für das Essen gegessen wird bis Schwimmen und Abwehr von Über erstellt von mächtigen Filter Wasserströmungen verbrannt werden. Solche Geräte wird auch Auswirkungen auf das Wachstum der Fische.

Stellen Sie sicher, dass bei der Fütterung, wenn Sie ein 100 junge haben, bei jeder Fütterung Mal, wenn Sie genug Essen für nur 90 bis 99. Damit wird der Fisch eifrig für Lebensmittel-und wettbewerbsfähig zu halten. Stellen Sie sicher, dass das Essen ist immer in der Nähe des Aquariums verstreut, so dass jeder eine der jungen Fische bekommen ihren Anteil. Gewährleistung aller Fische wachsen auf die gleiche Größe. Stellen Sie sicher, die Fische befinden sich in einem warmen beheizten Raum, wo der Tank oder Tanks beherbergen sie, damit sie nicht fangen, wenn Schüttelfrost Auftauchen an die Spitze für Essen und dem sie ein Temperaturschwankungen sein und wie erwähnt ein rotes Licht von rund 15 Watt über dem Aquarium Aufzuchtbehälter. Da die Fische wachsen, einige werden zwangsläufig größer als andere zu werden, partitionieren diese vom restlichen Schwarm in diesem Aquarium, um sie einzuschüchtern, die kleineren Proben und vor allem bei der Fütterung zu verhindern.

Einige Züchter haben begünstigt Aufzucht der Jungen völlig getrennt von den Eltern, aber Studien haben mehrere Nachteile dieser Methode aufgedeckt. Junge Fische abgesehen von den Eltern aufgezogen verlieren sehr viele natürliche Instinkte und, wenn sie die Geschlechtsreife erreichen und sich selbst zu reproduzieren sind oft schlechte Eltern. Der andere wichtige Faktor ist, dass wir gefunden haben, dass die jungen Fischfutter auf der Schleimhaut der Eltern nach wie vor und in diesen sehr entscheidend frühen Stunden und Tagen erwähnt heißt, sie erwerben die Eltern Antikörpern oder Impfstoffen zur Vorbereitung und zum Schutz der Youngster für die nächste Stufen in der Reise des Lebens. Diskus können viele Krankheiten und Störungen zu erwerben und so wie Antikörper sind kritisch. Daher sind sowohl deutsche und britische Wissenschaftler empfehlen Aufzucht der Jungen mit den Eltern, um sicherzustellen, dass sie Zugang zu diesem Naturschutzform und Immunisierung haben. Schließlich sind die Fische in der Regel viel stärker und schwerer-gesetzt, wenn natürlich mit den Eltern erzogen.

KAPITEL ELF

A Natural Discus Fisch-
Aquarium mit den
vorgeschlagenen
Pflanzenarten und
Ausrüstung, für einen
atemberaubenden Aquarium.

Es ist nichts natürlicher und schöner als ein bepflanztes Aquarium für Ihre Diskusfische. Ein Zuhause für sie zu sorgen, wo die Art ihre Umgebung ergänzen, die Steigerung ihrer Farben aus der Umgebung und Hintergrund erstellt.

Oben ist ein natürlicher Pflanzenaquarium mit einer Kulisse aus riesigen Sagittaria und in Richtung der vor der Landschaft Arten Cryptocoryne. Foto mit freundlicher Genehmigung von: Andrey Armee Gov (www.123rf.com).

Es gibt viele Pflanzen heute für den Aquarianer, aber wie Schwarmfisch in Zahlen, die Sie mit einem atemberaubenden Blick zu präsentieren. Eine kluge Wahl von mehreren Arten von Pflanzen strategisch miteinander platziert kann einen weit größeren Einfluss auf das menschliche Auge.

Wie Sie aus den Bildern in diesem Buch meine eigenen Fische und andere Wasseraquarien sehen können, viele wurden Naturlandschaften der Farbe, die durch die

Landschaft der Pflanzen und Diskusfische.

Heute sind wir als Aquarianer kann lesen, verstehen und wissen viel mehr über Filtration und biologischen Abbau Bakterien als je zuvor. Wie wir alle wissen, die meisten Haushalte verwenden Reinigungsmittel oder Waschmittel, die als nicht-bio oder biologische kommen. Das Geheimnis, um Pflanzen in einem Aquarium ist ein guter Gärtner unter Wasser. Das Substrat, auf diesem Umfeld ist es nicht anders, Ihren Garten draußen. Also, wenn wir hören, Alan Titchmarsh und andere, was darauf hindeutet, schieben wir die Gabel in rund um unsere Lieblingspflanzen und die Arbeit in der Gabel und geben ihm eine wackeln immer wieder für viele Male, nach Luft und Sauerstoffversorgung ermöglichen, um die Wurzeln zu unterstützen. Diese Punkte sind genau die gleichen wertvolles Nachschlagewerk Gegenmittel benötigen wir für unsere Aquarium.

Erfolgreiche Pflanzen in einem Aquarium gedeihen, wenn Sauerstoff die Wurzelsysteme und die verschiedenen essentiellen Mineralien erreichen. Die Pflanzen gedeihen auch gut im Aquarium von den richtigen Wassertemperaturen , die ihnen zu gedeihen.

Wenn Sie die Länge der Wurzelstruktur auf die meisten Pflanzen betrachten, ist es normal, die Hälfte der Länge der Pflanze selbst, wenn festgelegt und ausgemessen. Jetzt, da einige dieser Pflanzen sind sehr kurz in der Höhe von nur ein paar Zentimeter. Es sollte uns zu sagen, sie mögen Wurzel und Blatttemperaturen sehr ähnlich, die von nur wenigen Grad sein.

Die Strömung und Bewegung in einem Substrat kann eine, die eine Beschädigung der Pflanzen, wie Unterkiesfilter, die in den 1970er und 1980er Jahren, in denen Pflanzen niemals erfolgreich vorwärts der lebt populär waren verursacht. Bewegung braucht vorhanden, aber sanft zu sein. Die Aktivität von großen Discus Fisch kann helfen, dazu beitragen, diesen sanften Wirbel der Ströme von ihrer Bewegung und vor allem, wenn sie um Verwurzelung auf dem Boden des Aquariums auf der Suche nach Fetzen Futterreste.

Nun, wenn Sie Ihre wöchentliche Wasserwechsel, der rund 20% Ich empfehle in einem natürlichen Aquarium, mit Rohr unter das Wasser aus können Sie rund um die Zarge und entfernen überschüssige Abfälle, die nicht aus dem Filter Einlass gezogen. Jetzt, kurz bevor Sie Siphon Ich habe eine Routine Garten Tipp für Sie durchführen in Ihrem Aquarium jede Woche, Monat oder zwei Wochen davon ab, wie Ihre Pflanzen tun, um die sanfte Bewegung zu gewährleisten und Flow ist die Pflanzenwurzeln erreicht, gleichzeitig damit so dass die lebenswichtigen Spurenelementen und Metall Düngemittel aus den Fischexkremente erreichen die Pflanzen.

Holen Sie sich einen Ihrer Haus Gabeln aus Ihrem Besteck Unentschieden, je älter desto besser. Jetzt in den meisten Fällen, diese wird sehr hell und metallisch, dass Angst und erschrecken die Fische und das können wir nicht wollen. Wenn wir nach unseren Diskusfische glücklich und entspannt in ihrer Umgebung zu sein und es gibt nichts besseres als eine Routine als Pflegeeltern und nicht anders, als ein Elternteil.

Also müssen wir die Gabel langweilig, so ist es nicht mehr metallisch. Der beste Weg, dies zu erreichen und sicher, wo es keine schädliche Giftstoffe in diesem Prozess. Ist, sich selbst einen alten Nylon rechteckige Tupperware Arten von Fach, groß genug für Sie, um die Gabel in und mit genügend Raum für das, was kommt als nächstes legen zu finden. Legen Sie die Gabel in der Wanne, Schale oder Behälter und legen Sie dann ein halbes Dutzend, zu einem Dutzend Teebeutel in das Fach mit der Gabel. Dann holen Sie sich einige heiße kochendes Wasser aus dem

Wasserkocher und gießen Sie dann über die Teebeutel und Gabel in den Container. Dann stehen das Objekt an einem sicheren Ort, außerhalb der Reichweite von Kindern, idealerweise in einem Schuppen für etwa einen Monat. Dann nach einem Monat die Gabel zu einer braunen stumpfe Farbe verfärbt haben. Dann, am Tag der Sonntagsbraten, ohne die Frau zu beobachten statt die Gabel in den Ofen für 1 oder 2 Stunden. Das wird schwer zu backen den Rest der Tee, der die Gabel befleckt hat. Die Gabel kann dann verwendet werden, jede Woche, zwei Wochen oder einen Monat, wie Sie Absaugen sind das Aquarium gleichzeitig, und mit der Gabel vorsichtig arbeiten in den Aquarienkies Substrat um Ihre Pflanzen ihnen, dass Bewegung und Belüftung, bei gleichzeitiger Gewährleistung Metall Spurenelemente und Schmutzpartikel werden erfolgreich Erreichen der Wurzelsysteme.

A Natural bepflanztes Aquarium, wodurch eine geheimnisvolle und magische Welt, in jedes Heim. Foto mit freundlicher Genehmigung von: Phanlop Boonsongsomnukool (www.123rf.com).

Damit wird auch die Temperaturdifferenz zwischen den

Wurzelsystemen und Blätter von allen Pflanzen nur durch ein oder zwei Grad gering. Sie brauchen nicht zu Pflanzendünger kaufen müssen, irgendwelche Chemikalien zu einem Discus Aquarium aufgenommen beeinflusst die Härte des Wassers und Mineralstoffgehalt. Leitungswasser bereits über ausreichend Metallspurenelemente und sehr oft zu viele für Diskusfische, daher auch der Grund für die Verwendung de-Ionisatoren zur Diskus vor Jahren züchten Wildbahn.

In der kommenden Serie von Bildern, habe ich in diesem Kapitel eine kleine Auswahl an Aquarienpflanzen, die wachsen und tun gut in Diskusfische Aquarien zur Verfügung gestellt. Sie können aber zum Beispiel über Cryptocoryne, auf eine Vielzahl von Arten, Sorten eingeführt werden. So wird Ihre Auswahl nicht auf einige wenige Haupt Arten von Pflanzen habe ich unten vorgeschlagen   reduziert.

Ein weiterer wichtiger Aspekt ist die Beleuchtung. Viele Diskusaquarienbesitzer   neigen   dazu,   Grow   Lux Beleuchtung, um die Farben der Diskusfische bringen. Jedoch in einem Pflanzenaquarium sie benötigen weißes Licht.

Another Fine Schönes Beispiel für ein natürlich bepflanztes Aquarium für die Diskusfische zu erkunden. Foto mit freundlicher Genehmigung von: Phanlop Boonsongsomnukool (www.123rf.com).

Vicle Aquarienhersteller heute renommierter bemerkenswerte Statur bieten sowohl einen wachsen Lux Streifen und ein weißes Lichtband für Ihr Aquarium. Oder mehr Banken von Streifenbeleuchtung , unter der Größe des Aquariums in Frage.

Je nach Größe des Aquariums, der Platz an der Spitze zwischen den Kondensationsbehälter und den Streifenlichter, sollte es ausreichend Licht und Wärme von den Einheiten sein, um sicherzustellen, dass die Oberfläche des Aquariums ist auch warm, diese erstellen und replizieren die natürliche Feuchtigkeit von einer warmen Region in und um den Amazonas in Südamerika oder Tank Rasse kommerziellen Züchtern gefunden, ähnlich gefunden Bedingungen in Asien.

Die beste Form der Beleuchtung ist Quecksilberdampf, die ich früher überzogen, wo man kann zwei, drei oder vier Pendelleuchten herab, von einem Timer, woher die Erwärmung dieser Einheiten erstellen Sie einen Sonnenaufgang und Sonnenuntergang Effekt für die Bewohner betrieben, weit weniger spooking ihnen von pechschwarz bis helles Licht.

Der andere Vorteil von Quecksilberdampf ist, dass sie weißes Licht zu erzeugen, wie Sie draußen finden würde, und sie geben auch beträchtlicher Wärme reflektieren auf den Kondensations Tabletts, schaffen eine warme tropische Umgebung, die das Pflanzenwachstum fördern wird und sogar in einigen Fällen der Blüte der Pflanze Arten.

Die specie Cryptocoryne Aquarienpflanze, kommt in vielen Sorten und in Klumpen sehr attraktiv

Cryptocoryne besteht aus rund 50 bis 60 Arten und wird häufig als Wasser Trompete bekannt. Es ist besonders ungewöhnliche und attraktive Pflanze, die Entwicklung von verschiedenen grün, rot und braun Tönen. Es ist ein Knollenpflanze und kommt mit einer kleinen Knolle in Richtung der Basis der Pflanze. Die Wurzeln sollten beim Kauf von dunkler Orte aus dem ältesten Teil des Wurzelsystems sein, sondern Zeichen des Wachstums mit weißen oder gebräunt Feinwurzel Erweiterungen zeigen. Cryptocoryne ist eine ideale Anlage für die Platzierung in der Mitte oder in Richtung der Vorderseite des Aquariums. Normalen Wachstumshöhe in einem Aquarium, zwischen 5 bis 18 cm, aber das kann variieren in Abhängigkeit von der Spezies Typ, den Sie gewählt haben. Viele Pflanzenarten stammen aus Asien und Cryptocoryne-Neuguinea und Mitglied der (arum) Familie Araceae.

Wichtig: Denken Sie daran, die Versorgung in Pflanzen zu nehmen, als ob es Ihre schönsten Rose oder fuchsia waren. Stellen Sie sicher, kein Blei oder Kunststoff-Tags werden aus Pflanzenbüschel gekauft Spezies entfernt, da diese Tags oder Clips werden die Pflanzen schädigen und hemmen das Wachstum. Erstellen Sie ein Spalt in dem Substrat, indem die Pflanzen in Gruppen ideal, da sie besser gedeihen zusammen und leicht das Substrat zurück und um die Basis Hals der Anlage.

Zusammenfassung: Cryptocoryne - Pflanzenfamilie - Araceae (arums)

Durchschnittliche Höhe - 5 bis 18 Zoll

Herkunft - Asien und Neuguinea

Die specie Amazon Schwertpflanze, ist eine kräftige Specie, geeignet für mittlere und zurück Displays in Klumpen

Der Amazonas-Schwertpflanze ist eine sehr volle kräftige Pflanze mit großen Blättern Schwertform Auffächerung in das Wasser des Aquariums. Auch hier lebt diese Art auch in Gruppen, mit Anzeigen in der Mitte und auf der Rückseite eines Aquariums.

Die Anlage kann eine beträchtliche Länge erreichen und ist mit Blume mit Exoten bekannt blüht eine verschiedene leuchtende Farben aus der Spitze aus dem Wasser abhängig von der Spezies Vielfalt.

Echinodorus ist ein Mitglied der Familie Alismataceae und stammt in der westlichen Hemisphäre und der Name stammt vom griechischen Namen echinus gefunden - raue Schale, und Doros.

Die Spezies in einem Aquarium wachsen im Durchschnitt zwischen 10 bis 24 Zoll. Beim Kauf, wieder sicherzustellen, dass keine Bleigriffe oder Kunststoff-Tags, die die Pflanzen schädigen und hemmen das Wachstum. Achten Sie beim Kauf die Wurzeln sind voll und strahlend weiß in der Färbung. Anlage nach wie vor, indem Sie einen gut im Substrat und dann, wenn die Anlage in das Loch gemacht platziert, arbeiten das Substrat rund um die Pflanze zurück, damit es sicher wird angegeben.

Zusammenfassung: Echinodorus - Pflanzenfamilie - Alismataceae

Durchschnittliche Höhe - 10 bis 24 Zoll

Origin - Westliche Hemisphäre, Südamerika

Sagittaria Pflanze, ist eine große elegante schmale Laubwerk, geeignet für Seite und zurück Displays in Klumpen

Sagittaria ist Mitglied der Rhizom Arten von Wasserpflanzen und besteht aus rund 30 Mitgliedern in der Familie der Alismataceae und ist eine sehr elegante lange Laubwerk in vielen Teilen der Welt gefunden. Das Gras wie Blätter sind natürliche Schutzdächer für viele Fische Discus besonders als die konvexe Form Fisch schlängeln sich durch und um die Pflanzen.

Diese hohen schlanken Gras leaved Art der Pflanzen in der Regel bis zu einer Höhe von 12 bis 30 wachsen "Zoll, kann es abhängig von der Höhe des übertragenen Aquarium ad Licht variieren.

Wieder wichtig, daran zu erinnern, beim Kauf dieser Pflanzen, alle Blei oder Kunststoff-Tags, die beschädigt oder hemmen das Wachstum könnte Pflanzen zu entfernen. Die Wurzeln dieser Pflanzen beim Kauf sollte lang und hell in der Farbe weiß sein. Anlage, bevor sie eine Wanne im Substrat, die in Stelle Sagittaria, müssen diese Anlagen zusammen in großen Bündeln angeordnet, um den gewünschten Effekt zu erzeugen. Sie werden normalerweise in einem Aquarium in der Mitte angepflanzt, an den Seiten oder an der Rückseite.

Zusammenfassung: Sagittaria - Pflanzenfamilie - Alismataceae

Durchschnittliche Höhe - 12 bis 30 Zoll

Origin - Süd, Zentral-und Nordamerika, einige Arten in Europa und Asien

Eine weitere Spezies von Cryptocoryne für das Aquarium, die verschiedenen Färbungen, in Klumpen gepflanzt

Diese Spezies von Cryptocoryne aus der Familie der Aronstabgewächse (arums) wächst auf einer durchschnittlichen Höhe von zwischen 5 bis 18 Zoll und stammt aus Asien und Neuguinea. Die Anlage ist ideal für in Richtung der Front oder in der Mitte eines Aquariums und mit genügend Licht die Pflanze gedeiht gut und werden eine Freude zu sehen, mit einer Reihe von verschiedenen Farben von grün, rot bis bronze angezeigt.

Bitte denken Sie daran, beim Kauf, um sicherzustellen, alle Blei oder Kunststoff-Tags werden entfernt, um nicht zu beschädigen oder zu hemmen, das Betriebswachstum. Erstellen Sie ein gut im Substrat bei der Pflanzung und füttern die Substratrück rund um die Pflanze so dass es im Aquarium sicher.

Zusammenfassung: Cryptocoryne - Pflanzenfamilie - Araceae (arums)

Durchschnittliche Höhe - 5 bis 18 Zoll

Herkunft - Asien und Neuguinea

Vallisneria Pflanze, ist eine kleine schmale Laubwerk und eignet sich in vielen Teilen der einem Aquarium.

Vallisneria wird allgemein als Seegras mit feinen langen Blättern und in Klumpen in einem Aquarium eine attraktive Szene bekannt zu machen. Ein Mitglied der Pflanzenfamilie Hydrocharitaceae und es gibt 6 bis 10 Arten der Pflanze.

Die Pflanze wächst im Durchschnitt unter der Spezies zwischen 5 bis 12 cm in der Höhe gekauft. Die Anlage kann in vielen Teilen eines Aquariums positioniert werden. Die Zwergarten attraktive nach vorne, wo größere Mitglied Spezies Blick auf die Seiten eleganter, in der Mitte oder in Richtung der Rückseite ein Aquarium sein.

Bitte bedenken Sie einmal, beim Kauf dieser Pflanzen die Wurzeln sollte hell weiß und ziemlich lange suchen, um eine dritte in der Länge auf die Blätter der Pflanze Sie kaufen. Wieder, denken Sie daran, alle Blei oder Kunststoff-Tags, die Schäden an der Anlage verursachen und hemmen das Wachstum könnten, zu entfernen.

Beim Pflanzen, erstellen Sie einen gut in den Ort Substrat und Gruppen von der Anlage in das Loch gemacht und dann wieder einmal die Pflanzen in der gewünschten Position, leicht das Substrat rund um die Pflanzen zurück,

135

um sie fest zu sichern.

Zusammenfassung: Vallisneria - Pflanzenfamilie - Hydrocharitaceae

Durchschnittliche Höhe - 5 bis 12 Zoll

Herkunft - Weit verbreitet in vielen Teilen der Welt zu finden, wo Klima ist warm

KAPITEL ZWÖLF

Die Art der anderen
Fischarten Sie in einem
Discus Fisch Gemeinschaft
Aquarium genießen können.

In den meisten Fällen sind die Diskusfische besetzen Aquarien auf ihre eigenen, aber Sie können andere Arten, eine Gemeinschaft zu schaffen Aquarium vorstellen. Ich bin etwas für während ich bete für ein natürlich bepflanztes Aquarium ein Schwarm Diskus Schwimmen ist etwas zu sehen vorgespannt ist.

Bitte unten einige meiner Auswahl für kompatible Fischarten, die bequem nebeneinander existieren können mit dem Discus Fisch zu finden, auf Basis nativer Regionen und den hohen Temperaturen ein Diskus Aquarium wird bei durchschnittlich 82 Grad Celsius gehalten.

Eine gute Gemeinschaft Fisch mit Diskusbuntbarsch ist das allgemein als das Kaiserfisch (Pterophyllum Scalare) bekannt. Foto mit freundlicher Genehmigung von: Oksana Tkachuk (www.123rf.com)

Die Angelfish (Pterophyllum Scalare) ist gebürtiger Buntbarsch-Arten in Südamerika und bewohnt viele der Gewässer, den wilden Diskus Lieblingsplätze. Wie bereits erwähnt sind Buntbarsche, Zahnkarpfen und sind dafür bekannt, gut zusammen Gewohnheit.

Die Angel Fish ist eine sehr anmutige Art und mit einer guten Veranlagung, einer der mildesten Buntbarsch-Arten, wie die Diskusfische sind sie. Jedoch, wenn in der Saison und Zucht, sie sind nur als Schutz, wie jeder andere Buntbarsch Mitglied.

Die durchschnittliche Lebensdauer für ein Angel Fish ist zwischen 4 und 10 Jahren. Die y hat eine abwechslungsreiche Ernährung und die gleiche wie die Diskusfische zu essen und einfach sind sie leicht zu halten pflegen, sind sie nicht ein anspruchsvoller Fischarten an.

Pterophyllum Scalare, Lebensdauer 4 bis 10yrs, Cichlidae Familie, Südamerika.

Eine gute Gemeinschaft mit Fisch Discus ist die Cichlidae gemeinhin als die Ram Cichlid (Mikrogeophagus ramirezi) bekannt. Foto mit freundlicher Genehmigung von: Vincent Lafon (www.123rf.com)

Der Buntbarsch Ramirezi ist ein kleines und sehr schön gefärbte Fische, wie im Bild oben zu sehen. Diese Spezies von Zahnkarpfen kann vorteilhaft Kohabitation mit Diskusfische. Von dieser Art Industrietätigkeit, scheinen sie eine Neugier, Diskus und wo die Diskusfische nehmen großes Interesse an der Spezies sein.

Die Ram Cichlid als allgemein bekannt wird das gleiche Essen wie die Diskusfische zu essen und ist wieder leicht zu halten und zu pflegen. Sie sind eines der kleinsten Mitglieder der Familie von Zahnkarpfen Cichlidae.

Diese Arten stammen aus Südamerika und auch in weiten Teilen erheblich darunter Venezuela.

Zusammenfassung der Specie:

Name: Mikrogeophagus ramirezi

Lebensdauer: 3 bis 5 Jahre

Familie: CichlidaeNative: South America

Gute Gemeinschaft Fisch mit Discus ist die Neon und Kardinal Tetras einheimischen Arten nach Südamerika. Foto mit freundlicher Genehmigung von: Oleg Korotkov (www.123rf.com)

Die Neon und Kardinal Tetras, wenn sie in Schwärmen mit Discus Fisch absolut atemberaubend aussehen. Oft hatte ich Neon und Kardinaltetrasalmlern Austausch großer natürlich bepflanzten Aquarien mit Diskusfische.

Sie sind erheblich kleiner, jedoch machen sich für sie in der Regel Zahlen zu einer Länge von zwischen 1-1 / 4 wächst auf 1-3 / 4 "Zoll. Kardinaltetrasalmlern sind größer und die metallische Färbung bewegt sich über den ganzen Körper.

Sie sind wirklich großartig, um in Schwärmen von 30 oder mehr in den Zahlen sehen und bewertet zusätzlich in einem Diskus-Aquarium werden, da sie den ganzen Tag Futter essen ausgesetzt Nahrungspartikel halten das Wasser kristallklar und etwas essen verpasst von wöchentlichen Wasserwechsel .

Neon Tetras do not live very long on average between 1-1/2 to 2 years. The Cardinal Tetra will live slightly longer, on average to 2 to 2-1/2 years.

Zusammenfassung der Specie:

141

Name: Neon Tetra (Paracheirodon innesi)

Lebensdauer: 1-1 / 2 zu 2 Jahren

Familie: Characidae

Nativ: Südamerika

KAPITEL DREIZEHN

Fisch Pflege und die wichtigen Punkte für die mit gesunden Diskusfische und andere tropische Fischarten durch die Bildung einer Bindung und Routine.

Ich denke, dass für die erfolgreiche Haltung und Zucht von Diskusfischen, gibt es vier wesentliche Schlüsselfaktoren. 1 /. Wasser, 2 /. Essen, 3 /. Routine und 4 /. Die Position des Aquarium

1 /. Wasser ist der Schlüssel wesentlicher Faktor für alle Lebensformen und vor allem für die erfolgreiche Zucht Discus Fisch. Haupt Foto mit freundlicher Genehmigung von: Vira Dobosh (www.123rf.com)

1/. Wasser:

Für Diskusfische, wie in allen Lebensformen, Wasser ist der Anfang des Lebens. Also, die besten Wasserbedingungen zu gewährleisten ist entscheidend, und ich habe über meine Jahre der Haltung und Zucht dieser schönen Spezies gefunden, ist es nicht eine Frage der Wasserwechsel, um die Diskusfische geeignet, aber die Eingewöhnung Discus Fisch, um Ihre Wasserressourcen.

Wenn Discus Fisch wird Ihr Wasser gewöhnt, bieten Sie ihnen ein riesiges Angebot für regelmäßige Wasserwechsel, sogar täglich, wenn erforderlich. Dies ist einer der wichtigsten Schlüssel zum erfolgreichen Diskuszucht . I Wasser auf einer täglichen Basis, wenn Fischbrutpaare und so viel wie 50 bis 60% aus einem

Gartenschlauch Rohr mit einer Gabel in dem Rohr an dem Ende, das direkt an den heißen und kalten Wasser Bänder verbunden oft geändert. Dann lief ich den Schlauch durch den Garten, um meine Fische Haus. So wie ich abgeschöpft einem Tank und machte es zu reinigen, wird die vorherige Aquarium ich gerade gereinigt wurde, wird nun mit frischen Kegel Wasser ersetzt. Ich habe keinerlei de-Chloranlage, oder habe ich keine Chemikalien hinzuzufügen, in warmen normalem Leitungswasser lief über die gleiche Temperatur des Wassers war ich zwischen 79 bis 82 Grad Fahrenheit zu ersetzen.

Der Discus Fische wurden auf die örtliche Wasser gewöhnt, sie waren nie in der Tat betonte ich denke, sie freuten sich auf die Routine, gleichzeitig regelmäßigen Wasserwechsel. Für die meisten als oft nicht, wäre ein Zuchtpaar nach einer Stunde oft beginnen, einen Probelauf bereit, um am Abend zu laichen.

Meine Wasserwechsel bewusst stattfinden würde etwa 4 bis 5.00 Uhr an einem Abend so in den meisten Fällen mit Zuchtpaare sie in den Abendstunden zwischen 6.00 hervorgebracht, um 08.00 Uhr, gelegentlich manchmal später, wenn sie mit einer inländischen Argument auf, wo man die Eier legen . Um solche Konflikte zu vermeiden und Argumente, das ist, warum die meisten erfolgreichen Diskuszüchter haben nur einen Punkt im Aquarium so das Paar würde auf diesen einen am besten geeignete Ort zu konzentrieren.

2 /. Essen ist auch wichtig für gesunde Fische durch die Bereitstellung für Ihre Diskusfische ein reichhaltiges und abwechslungsreiche Ernährung werden sie jede Mahlzeit Zeit eifrig sein. Haupt Foto mit freundlicher Genehmigung von: Vira Dobosh (www.123rf.com)

2 /. Lebensmittel

Sie sagen oft ein Weg, um das Herz eines Mannes geht durch den Magen, und das ist der Fall, wenn sie mit Diskus fit und gesund für sie untereinander mehr als oft nicht in kleinen Gruppen streiten sind. Brutpaare unterschiedlich waren, sehr oft in der Tat das Männchen das Weibchen lassen essen und dann essen danach.

Durch die Bereitstellung einer gesunden abwechslungsreichen Ernährung, wird Ihre Gebühren gerne jeder Mahlzeit essen. Wenn sie in großen Zahlen in einem Aquarium ich sicherstellen, dass alle Fische essen die Nahrung durch Dispergieren in mehreren Orten im Aquarium.

Es gibt viele Lebensmittel auf dem Markt, den Sie sich noch heute Ihre Diskusfische kaufen, aber ich nahm ein Blatt aus Jack Wattley Buch und begann, meine eigenen Rezepte, wo ich enthalten sehr hohen Wert Lebensmitteln in der Ernährung wie Rindfleisch Herz zu machen, Spinat ,

Brokkoli, Krabben, Muscheln und Kohl, um nur einige der Zutaten zu erwähnen, um sicherzustellen, meine Fische waren immer alle wesentlichen Metallspurenelemente und Vitamine. Ich würde große Chargen zu einer Zeit zu machen und dann in Kleinpackungen zu trennen und dann frieren die Nahrung bei sich, wie und wann zu einem späteren Zeitpunkt erforderlich, um zu verwenden.

Ich tat bieten Leckereien, um die Fische auf regelmäßige Gelegenheiten, indem Blut Würmer und Daphnien, auch Tubifex zu Zeiten und hatte eine Methode, um die Live-Lebensmittel durch frische gechlortem Leitungswasser für einige Tage in speziellen Tanks entfernen, wie am besten, alle Krankheiten durchgeführt Das könnte reinigen schaden den Fischen.

2 /. Heute gibt es viele fabelhafte Formel Lebensmittel für Diskus, wenn Sie nicht über die Zeit zu machen und bereiten Sie Ihre eigenen. Haupt Foto mit freundlicher Genehmigung von: Fluval Aquatics (www.fluval aquatics.com)

3/. Routine

Wenn Sie bereits ein Elternteil sind, wissen Sie ganz genau, das Geheimnis zum Betrieb eines erfolgreichen home beschäftigt und durch Festlegung von Regeln und Konsistenzen im Leben Ihrer Familie, wie Mahlzeiten, Waschen Tag und Müll ist zu löschen.

Routine ist gut für Diskusfische bietet ihnen Sicherheit und ermöglicht es ihnen, sich in eine Routine zu bekommen, so dass sie wissen, wenn das Aquarium zu reinigen ist, Wasser gewechselt und wenn das Abendessen ist um.

Routine schafft eine Umgebung für mindestens betonte Fisch, da sie ein Teil der Familie und Haushalt Routine. Ob Mitglieder meiner Familie, wo sich für das Discus oder nicht, gab es bestimmte Diskus in einem großen Aquarium in der Wohnung, wo der Frau und Kinder gab ihnen Namen und sehr oft, hörte ich sie sagen hallo zu "Tefe" oder "Bruiser", wie sie übergeben und bekam mit ihrem Tag.

Ich habe sogar die Frau ihnen zu sagen, auf häufigen Gelegenheiten erinnern, "Sie können nicht wie das Rauschen des Hoover aber dieses Zimmer hat zu reinigen", so dass sie sehr viel ein Teil Ihres Lebens und zu Hause werden. Auch wenn die Jungen wurden von dem Aquarium vorbei oder Hausaufgaben im Esszimmer oder einer anderen Aktivität, waren die Fische oft an der Front des Aquariums Blick auf die Jungen denken: "was machen sie".

4 /. Aquarium Positionierung

Aquarium Positionierung ist wichtig, in einem Haus, sei es eine massive Aquarium Schaustück in der Lounge oder einem anderen Teil des Hauses, wie zum Beispiel das Esszimmer habe ich früher bezeichnet. Wenn Discus

Fische sind in einem dunklen oder sehr ruhiges Zimmer, werden sie scheu und betonte, wenn Besucher oder andere wagen in einen solchen Raum zu verwenden.

3 /. Routine ist der Schlüssel in einem Discus Fische Leben und ein Tag Ihre Hingabe mit Neuankömmlingen zurückgezahlt werden. Haupt Foto mit freundlicher Genehmigung von: Norasit Kaewsai (www.123rf.com)

Diskus in Aquarien, müssen positioniert werden, wo sie die Tür Eingänge sie wollen nicht plötzlich jemand erscheinen, wodurch sie aufgeschreckt werden sehen können, würden wir uns nicht, wie es uns selbst und sie sicher nicht.

Das Aquarium muss auch von einer idealen Höhe sein, wo sie Sie und die Familie sehen können, nicht niedrig, wo sie ein Paar Füße zu sehen und dann plötzlich nur dieses Peering-Gesicht aufgeschreckt. Die große 600 Gallonen Aquarium ich in unserem Esszimmer hatte wurde speziell gebaut, Schrank Stand von 32 cm in der Höhe dieses für Filteranlagen dürfen im Schrank untergebracht werden, die Umwelt zu schweigen anderen als der schöne Klang der sanften Cascading Wasser aus den Aquarien Rieselfilter und das Aquarium Tiefe als 24 cm in der Höhe in die Top des Aquariums Höhe auf der Spitze vom Boden 4 '8 "geben dem Discus einen klaren Panoramablick auf die Familie, und wir von ihnen.

149

Wenn Sie einen vielbeschäftigten Haushalt haben, lassen Sie das Diskus von Jugendlichen aufwachsen und bekommen den Einsatz auf die Tätigkeit in der Heimat, da sie sehr viel ein Teil der Familie. Sie in Wirklichkeit sind ihre Pflegeeltern, wie sie sind völlig abhängig von Ihnen und so Ihre Routinen und Hingabe wird ohne Zweifel eines Tages einige Neuankömmlinge zurückgezahlt werden.

KAPITEL VIERZHEN

Identifizieren Symptome der Discus Fischkrankheiten und andere tropische Fischarten, die Rechtsbehelfe und die Schritte, die Sie ergreifen können, um zu versuchen und zu heilen.

Die klarste Weg, um alle Probleme der arme Diskusfische trifft ins Auge fassen ist, wie ein tropischer Fisch-Enthusiasten reagiert, wenn er einen Goldfisch sieht in einer Schüssel keuchend an der Spitze aus dem Wasser zu Sauerstoff zu denken.

Der Kontrast ist so groß wie die zwischen Discus und Community-Fisch (oder marine, fische ich hinzufügen) im Hinblick auf ihre Anforderungen.

Ein großer Teil der Probleme, und der Grund, warum viele Diskus bergab nach ein paar Monaten (man könnte einen Shop besuchen und sehen, Discus und zurück zwei Monate später und sehen den gleichen Fisch auf der Schwelle des Todes) ergeben sich aus langsamen Vergiftung (a schmerzhaftesten Tod). Ich kann nicht genug betonen, wie wichtig Wasser - das gleiche wie das Einatmen frischer Luft für uns.

Durch die Verwendung von sauberem Wasser und keine Herabsetzung der Verschmutzung, auch, dass die von einigen Filtersysteme (ich höre Hersteller kriechen) erstellt, werden Sie wenig Probleme haben abgesehen von den Krankheiten, die Fische sind bereits im Besitz und Einsen vorstellen.

Ich kann einige beleidigen, aber ich habe nicht die Anfänger für seine Fehler verantwortlich, aber nur einige der Artikel zu lesen.

Ohne Straftat zu vielen Einzelhändlern, wie einige gute Freunde aus der Vergangenheit, ich würde das betonen: wenn Sie nicht halten können Discus richtig noch haben nicht die Zeit oder die entsprechenden Systeme aus, nicht auf Lager ihnen.

Ich habe unten ein Diagramm der Beschwerden in diesem

Kapitel, die Ihre Fische entstehen können und die Medikamente, die Sie folgen können, festgelegt.

Aber denken Sie daran das wichtigste ist, eine Kettenreaktion: Wenn das Wasser ist schlecht die Fische fühlen sich verzweifelt und wird in der Regel entwickeln Beschwerden schlafend in ihrem eigenen System, zu heruntergekommen und in der Regel den Willen zu leben verloren.

Wenn Sie in der Lage, Fische besitzen 6 Zoll oder größer, etwas wert zu der Zeit der Erstveröffentlichung im Jahr 1988 einige 350 Dollar oder mehr als dass, wenn sie in Paaren sind, ist es kein Spaß, zu versuchen und halten Sie sie, wenn Sie nicht können leisten, sie zu halten, oder nicht die Zeit, um nach ihnen zu suchen.

Die unangenehmen Seite des Themas - KRANKHEITEN

Symptome: Augen Verfärbungen und Trübungen

Ursache: Bakterielle Aufbau, unzureichende Wasserwechsel

Behandlung: Wasser Änderungen sofort von Natur lokalisierten Leitungswasser und erwärmt, um das Aquarium Temperatur. Ersetzen Sie so viel wie etwa 50% des Wassers und führen diese aus jeden zweiten Tag für eine Woche.

Symptome: Hautreaktion, Patches.

Ursache: Der Fisch wird Fielding eine Barriere, bakterielle Infektion, die durch Costia oder Protozoen.

Behandlung: Auch regelmäßige Wasserwechsel von lokalisierten Leitungswasser und das chlorierte Inhalt sollte die bakterielle Krankheit zu töten. 50% Wasserwechsel wieder jeden zweiten Tag für eine Woche. Wenn nicht Verbesserung führen diese Wasserwechsel jeden Tag.

Symptome: Respiratory Distress Syndrome, ersticken

Ursache: Gill Wurm oder Egel

Behandlung: Einführung einer Oxydator in das Aquarium und weitere Luftsteinen . Führen Sie regelmäßige tägliche Wasserwechsel von 50% unter Verwendung von Leitungswasser, die lokalisierte kleine Mengen von Chlor, das die Kreaturen Infektion der Fische töten sollten behält. Tragen Sie diese heraus, bis die Zeichen dieser erratische Verhalten der Fische durch Schlagen Objekten oder nach Luft schnappen gestoppt.

Symptome: Weiß transparent Kot, Dunkelfärbung des Fisches.

Ursache: Spiro Kern, irgendwann unwissentlich durch Stress erzeugt.

Behandlung: Legen Sie die betroffenen Fische mit einigen kleineren Fische, die einen gesunden Appetit zu fördern und das Vertrauen wieder Fütterung haben.

Symptome: Veröffentlichung von transparenten Strings aus der ganzen Kopfbereich

Ursache: Loch im Kopf durch Infektion übermittelt durch Tubifex Würmer und einige andere Live-Nahrungsmittel verursacht.

Behandlung: Regelmäßige Wasserwechsel und erhöht die Temperatur des Aquariums um 4 Grad. In vielen Fällen ist die Erkrankung des Gehirns betroffen und kann wenig getan werden. Einige Behandlungen sind extrem und die Fische von der weiteren Stress zu töten.

Symptome: Hungerstreiks

Ursache: Wasserbedingungen schlecht, Darm-Erkrankungen

Behandlung: Erhöhen Sie die Temperatur des Aquariums um 4 Grad, machen die tägliche Wasserwechsel und die Einführung Lebendfutter wie Mückenlarven oder Daphnien. Der Fisch sollte nach oben und um in kürzester Zeit.

Symptome: Lange, weiße faden Fäkalien

Ursache: Bandwürmer oder Nematoden

Behandlung: 50% Wasserwechsel mit normalem Leitungswasser jeden Tag, dass Ihre Fische sind zu sehr daran gewöhnt. Hoffentlich wird das Chlorwasser wird die

Krankheit zu heilen, oder fahren Sie die Darmraubtiere.

Symptome: Hauterkrankungen oder Infektionen der Haut

Ursache: Bakterielle Infektion von schlechter Qualität Bedingungen.

Behandlung: 50% Wasser ändert sich mit jedem Tag für eine Woche mit lokalen gewöhnt gechlortem Leitungswasser. Diese Wasserwechsel wird jede Bakterienaufbau zu entfernen und auch die Einführung einer Filterschwamm in dem Fall, dass Sie Ihre vorhandenen Filter defekt zu unterstützen.

Symptome: Fisch Wucherungen auf der Haut oder Flossen

Ursache: Bakterielle Infektionen

Behandlung: 50% Wasser ändert sich mit jedem Tag für eine Woche mit lokalen gewöhnt gechlortem Leitungswasser. Diese Wasserwechsel wird jede bakterielle Aufbau zu entfernen.

Symptome: Schwarz Körper an den Seiten, Hoch shimmying Bewegungen liegen

Ursache: Die Pest

Behandlung: Airborne Virusinfektion. Schalten Sie alle

Lichter aus und die Temperatur zu erhöhen um 4 Grad, führen Sie einen 50% Wasserwechsel und wie Daphnien vorstellen etwas Lebendfutter und lassen Sie den Fisch in Ruhe und Frieden stark betont.

KAPITEL FÜNFZHEN

Abschließende Punkte und damit verbundene Ressourcen und Orte von Interesse auf das World Wide Web für folgende Ihre Leidenschaft und Interesse.

Auf einige Punkte zusammenfassen ich auf jeden Fall das Gefühl, wenn wir uns auf eine absichtlich so ausgelegt Glas überzogen Aquarium gezogen, um einen Sound-Filtersystem, um kristallklare Wasser zu gewährleisten und optimale zubringen, wird der Bau des Kraft vergeblich Rieselfiltervorrichtung System eine lohnenswerte Investition für sein in der Tat ist es eine eingebaute Haus Aufbereitungsanlage in der Spitze des Aquariums läuft. Die Vorteile, die sowohl Ihre Fische und Pflanzen werden nach den höchsten Standards optimiert, insbesondere für ein natürliches Aquarium Umwelt. Entfernen viel totes Vegetation und abnehm keine statischen Taschen, die eine bakterielle Aufbau auf Befall erstellen kann.

ZUCHT

Zu Zuchtzwecken die ständige Reinigung und Wartung von Aquarien ist sehr harte Arbeit, und für maximale Ruhe und sauberes Wasser (wichtig für den Erfolg der Zucht dieser Fische) die nackten Hintern Aquarium ist die einzige wirkliche Lösung auf dem neuesten Stand, wenn dieses Buch im Jahr 1988 die Veröffentlichung .

Ich kann einige Leute in diesem Buch beleidigt haben, in Bezug auf Service und die Qualität von Fischen; aber es gibt viele wirklich fürsorgliche Menschen sowohl im Einzelhandel und als Züchter in den Handel und einige, die ich in diesem neuen feiert 25 Jahre Sonderausgabe in diesem Kapitel am Ende aufgeführt haben.

Leider zur Zeit der immer bereit, das Buch zum ersten Mal veröffentlicht im Jahr 1989 gab es einige, die überhaupt nicht hilfsbereit und sie sollten von und nur durch Sprechen heraus werden wir die Dinge ändern für die gut für Diskusliebhaber welt breit. Also für bestimmte Qualität und Erfolg, Großbritannien und anderen Staaten profitieren können und genießen Sie die hohen Standards und in

Ländern wie den Vereinigten Staaten, Deutschland und Holland für hervorragende kommerzielle Tank Diskusfische gezüchtet angebotenen Dienstleistungen.

Ich möchte auch erwähnen, dass es eine Reihe von brillanten Züchter in den Fernen Osten von Thailand, Singapur, Bangkok und Malaysia, um nur einige Regionen zu nennen.

Kommerziellen Fischzucht bedeutet in bestimmten Ländern und Regionen können Kunden mit schlechter Lager in den Verkaufsstellen am Ende, aber aufgrund der anhaltenden Bemühungen der Kontrollen und Tierschutzorganisationen Import Grenze, haben Standards stark verbessert.

Um in all meine Unschuld und Ehrlichkeit Abschließend möchte ich jeden Diskusliebhaber das Beste der Erfolg in ihrer Diskusfische Haltung und Zucht. Leider, wie in allen Bereichen des Lebens erhalten Sie diejenigen, die die engagierten zu schmälern versuchen. Ich kann nur sagen, dass es traurig ist, dass die Zeit verloren gegangen ist, wo könnte so viel erreicht worden.

Zucht begann mit zwei sehr engagierten Männern und von ihren Bemühungen, genießen wir die vielen Arten und schöne Farbe specie Stämme heute. Also danke Jack Wattley (USA) und Dr. Eduard Schmidt-Focke (Deutschland). Zwei sehr begabte, talentierte und bescheidenen Herren, ich habe den größten Respekt für und immer ansprechbar und hilfsbereit, sei es bei der Bereitstellung von einzigartigen Bildern oder der Klaps auf den Rücken und eine Art Glückwunsch Wort.

Empfohlene Produkte für USE

Empfohlene Produkte Ausnahme: Foto von Alastair R Agutter

EHEIM FILTRATION CANNISTERS   GERMANY

Website Address: https://www.eheim.com/en_GB/home

DUPLA FILTRATION TRICKLE   GERMANY
Website Address: http://www.dohse-aquaristik.de/en/

DUPLA LIGHTING   GERMANY
Website Address: http://www.dohse-aquaristik.de/en/

TETRA WERKE FLAKE FOODS   GERMANY
Website Address: http://www.tetra.net/

DR. SCHOCTING OXYDATORS   GERMANY
Website Address: http://www.aquariumoxygenator.com/

JACK WATTLEY FROZEN FOODS   USA
Website Address: http://www.thatpetplace.com/jack-wattley-discus-formula-cubes-3oz-frozen

JOHN ALLAN'S AQUARIUMS   ENGLAND
Website Address: http://www.johnallanaquariums.co.uk/

DUPLA CARBON GRANULES   GERMANY
Website Address: http://www.dohse-aquaristik.de/en/

DUPLA AQUARIUMS   GERMANY
Website Address: http://www.dohse-aquaristik.de/en/

DUPLA COMPUTERIZED ELECTRICS   GERMANY
Website Address: http://www.dohse-aquaristik.de/en/

JACK WATTLEY DISCUS BREEDER   USA
Web site address: www.wattleydiscus.com

ALASTAIR AGUTTER AUTHOR   UK
Web site address: www.alastairagutter.com

ÜBER DEN AUTOR

Alastair R Agutter - Autor, Schriftsteller und Verleger

ÜBER DEN AUTOR - Alastair R Agutter:

Alastair R Agutter wurde in Farnborough 1958 auf englischer Eltern geboren, England. Er ist freischaffender (Selbstständige) Schriftsteller, Philosoph, Logistiker, theoretischer Physiker, Autor, Herausgeber, Naturalist, naturverbunden, Informatiker, Kreative und Digital Artist Stolzer Vater von fünf Kindern.

Seine erste gedruckte Buch war "Der Discus-Buch" im Jahr 1989, für den eine erfolgreiche Zucht und Aufzucht in Gefangenschaft die schöne Symphysodon. Ein einheimischer Arten in der Großen Fluss Amazonas und den angrenzenden Nebenflüsse und Flüsse in Südamerika gefunden. Als Taschenbuch erhältlich und digitale Publikationsformate.

Alastair hat sich seit dem Alter von 9 Jahren eine leidenschaftliche Tropical Fish Hobbyist, erfolgreich Zucht Buntbarsch-Arten durch seine 46 Jahre als Aquarianer.

Alastair ist auch nur einer der wenigen Auserwählten, die World Wide symphysodon erfolgreich zu züchten, als maßgebliche Autor über das Thema dieser Arten.

Er ist ein leidenschaftlicher Verfechter für die Umwelt und Naturforscher am Herzen liegt, mit einem großen Respekt für alle Lebewesen und mit Grundprinzipien für die Erhaltung aller Arten, viele leider bedroht heute vom Klimawandel.

Er glaubt, es gibt keinen Grund, warum die Menschheit nicht aus der Quantenmechanik zu lernen, und koexistieren mit der Umwelt und allen Lebewesen auf der Erde.

Um mehr zu erfahren, über den Autor, neu aufstrebende Buchveröffentlichungen, und um die neuesten Nachrichten zu erhalten, besuchen Sie bitte www.alastairagutter.com

Autor Danksagung:

Ein aktuelles Mitglied des Microsoft-Partner-Forschungsfeld

In Phillips darauf hingewiesen, Who is Who 2001

1999 für die Förderung der Informatik anerkannt, von Hudson Institute

Im Jahr 2008 anerkannt, von American Autobiographische Gesellschaft für Informatik und Dienst an der Menschheit

Ehemaliges Mitglied des BBC Backstage

Ehemaliges Mitglied des Netscape DevEdge Team UK

Aktuelle Google-Programm Partner

Aktuelle Amazon Partner

ANDERE BÜCHER DER AUTORIN

Online verfügbar und durch namhafte High Street Book Store Einzelhändler weltweit

Ich werde inspiriert, Bücher zu schreiben, wenn ich treffen ein Thema, das mich begeistert und wo ich glaube, ich kann einige positive bescheidenen Beitrag zur Gesellschaft leisten.

Der Discus Buch 1. Auflage - Hard

Der Discus Buch 1. Auflage - Taschenbuch

Der Discus Buch 1. Auflage - Digitale Ebook

Der Discus Buch 2nd Edition - Paperback

Der Discus Buch 2nd Edition - Digitale Ebook

Der Discus Buch Tropical Fish Keeping Special Edition - Paperback

Der Discus Buch Tropical Fish Keeping Special Edition - Digitale Ebook

Der Diskus Buch 1. Auflage - Taschenbuch

Der Diskus Buch 1. Auflage - Digitale Ebook

Alle der Autor Bücher sind online über seriöse Bücher Verkäufer, wie der Autor die Verlage und Händler Amazon.Com oder andere Online-Buchhändler seit langem etablierte wie Barnes & Noble, für Nook Digital Editions.

Die Bücher sind auch in Papier Zurück durch namhafte

Einzelhandels High Street Buchhandel international.

www.alastairagutter.com

Offizielle Website der

Autor

Danksagung

"Ein besonderer Dank geht an Dr. Eduard Schmidt-Focke Deutschland und Jack Wattley der Vereinigten Staaten von Amerika, für das Geben der Welt, diesen schönen Fisch für die heutige Aquarianer, als Ergebnis ihrer unerschütterlichen Hingabe an die vergangene Zeit von Tropical Fish Keeping "

Geschrieben von Alastair R Agutter (Autor), 26. April 2014

www.ingramcontent.com/pod-product-compliance
Lightning Source LLC
Chambersburg PA
CBHW040820180526
45159CB00001B/7